그림으로 개념 잡는

초등수학

2-1

구성과 특징

이렇게 공부해 봐~

1. 제일 먼저, 개념 만나기부터!

개념 만나기

꼭 알아야 하는
중요한 개념이
여기에 들어있어.
그냥 넘어가지 말고,
꼼꼼히 살펴봐~

2. 그 다음, 개념 쏙쏙과 개념 익히기

개념 쏙쏙

개념 익히기

개념 만나기에서 설명한 내용을 수학적으로 정리해 놓은
부분이지. 그래서, 이름도 개념 쏙쏙이야.
개념을 쏙쏙 친구의 것으로 만들었으면, 제대로 이해했는지
문제로 확인해 보는 게 좋겠지?
개념 익히기로 가볍게 개념을 확인해 봐~

수학의 재미를 발견하다!

이제 키출판사 **수학 시리즈**로 확실하게 **개념** 잡고, **수학** 잡으세요!

3. 개념 다지기와 펼치기

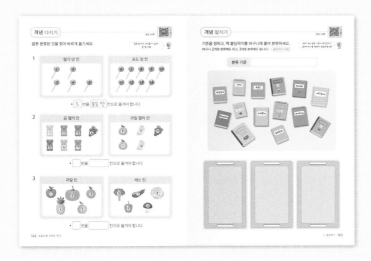

배운 개념을 문제를 통하여
우리 친구의 것으로 완벽히
만들어 주는 과정이지.
그러니까, 건너뛰는 부분 없이
다 풀어 봐야 해~
수학의 원리를 연습할 수 있는
좋은 문제들로만 엄선했어.

4. 각 단원의 끝에는 개념 마무리

개념 마무리

얼마나 잘 이해했는지
스스로 확인해 봐.

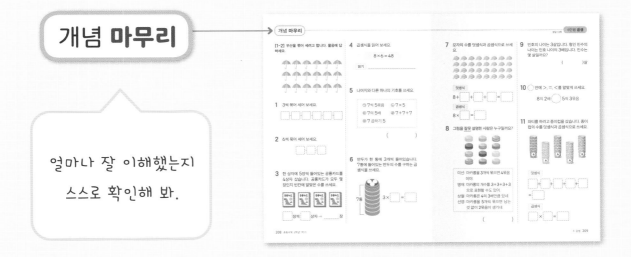

5. 그래도, 수학은 혼자 하기 어렵다구?

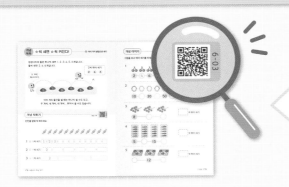

걱정하지 마~
매 페이지 구석구석에 개념 설명과 문제 풀이
강의가 QR코드로 들어있다구~ 혼자 공부하기
어려운 친구들은 QR코드를 스캔해 봐~

시작!

공부 계획표

1단원: 세 자리 수

12~17쪽	18~25쪽	26~31쪽	32~37쪽	38~43쪽	44~47쪽
1. 백	2. 몇백 3. 세 자리 수	4. 자리의 값	5. 뛰어 세기	6. 수의 크기 비교	✅ 개념 마무리
월 일	월 일	월 일	월 일	월 일	월 일

2단원: 여러 가지 도형

50~55쪽	56~61쪽	62~65쪽	66~69쪽	70~73쪽
1. 삼각형 2. 사각형	3. 원 4. 칠교판	5. 쌓은 모양 알아보기	6. 여러 가지 모양으로 쌓기	✅ 개념 마무리
월 일	월 일	월 일	월 일	월 일

3단원: 덧셈과 뺄셈

76~79쪽	80~83쪽	84~91쪽	92~97쪽	98~103쪽
1. 여러 가지 방법의 덧셈 (1)	2. 여러 가지 방법의 덧셈 (2) 3. 여러 가지 방법의 덧셈 (3)	4. 세로셈으로 더하기	5. 여러 가지 방법의 뺄셈 (1) 6. 여러 가지 방법의 뺄셈 (2)	7. 여러 가지 방법의 뺄셈 (3) 8. 여러 가지 방법의 뺄셈 (4)
월 일	월 일	월 일	월 일	월 일

104~111쪽	112~115쪽	116~119쪽	120~127쪽	128~131쪽
9. 세로셈으로 빼기	10. 세 수의 덧셈과 뺄셈	11. 덧셈과 뺄셈의 관계	12. □가 사용된 덧셈식 13. □가 사용된 뺄셈식	✅ 개념 마무리
월 일	월 일	월 일	월 일	월 일

스스로 계획하며 동그라미와 함께 재미있게 공부해 보세요.

4단원: 길이 재기

134~135쪽	136~141쪽	142~145쪽	146~149쪽	150~153쪽
1. 길이를 비교하는 방법	**2.** 여러 가지 단위로 길이 재기	**3.** 1 cm 알아보기 **4.** 자로 길이 재기 (1)	**5.** 자로 길이 재기 (2) **6.** 길이를 어림하기	✓ 개념 마무리
● 월 ● 일	● 월 ● 일	● 월 ● 일	● 월 ● 일	● 월 ● 일

5단원: 분류하기

156~159쪽	160~163쪽	164~169쪽	170~173쪽
1. 분류의 기준	**2.** 분류하기	**3.** 분류한 것 세기 **4.** 분류한 결과 말하기	✓ 개념 마무리
● 월 ● 일	● 월 ● 일	● 월 ● 일	● 월 ● 일

6단원: 곱셈

176~179쪽	180~185쪽	186~189쪽	190~193쪽
1. 여러 가지 방법으로 세기	**2.** 묶어 세기	**3.** 몇의 몇 배	**3.** 몇의 몇 배
● 월 ● 일	● 월 ● 일	● 월 ● 일	● 월 ● 일
194~197쪽	**198~201쪽**	**202~207쪽**	**208~211쪽**
4. 곱셈식	**4.** 곱셈식	**5.** 곱셈식으로 나타내기	✓ 개념 마무리
● 월 ● 일	● 월 ● 일	● 월 ● 일	● 월 ● 일

참 잘했어요!

끝!

왜?

" 그림으로 개념 잡는 "
초등수학
이 나오게 됐냐면...

초등학교 2학년 수학 교과서를 본 적이 있어? 초등학교 2학년 과정에서 배우는 내용은 간단해. 그런데 창의성을 키우기 위한 낯선 유형의 문제들이 많아져서 교과서에 나오는 문제조차 복잡한 경우가 많이 있거든. 그러다 보니 개념을 충분히 연습하지 못한 채 응용문제를 접하게 되고, 이런 수학교육의 현실이 수학을 어렵고, 힘든 과목이라고 오해하게 만든 거야.

그래서 어려운 거였구나..

이 책은 지나친 문제 풀이 위주의 수학은 바람직하지 않다는 생각에서 출발했어. 초등학교 시기는 수학을 활용하기에 앞서 기초가 되는 개념을 탄탄히 다져야 하는 시기이기 때문이지. 그래서 꼭 알아야 하는 개념을 충분히 익힐 수 있도록 만들었어. 같은 유형의 문제를 기계적으로 풀게 하는 것이 아니라, 꼭 알아야 하는 개념을 단계적으로 연습할 수 있도록 구성했어.

키 수학
학습방법연구소

"어렵고 복잡한 문제로 수학에 흥미를 잃어가는
우리 아이들에게 수학은 결코 어려운 것이 아니며
즐겁고 아름다운 학문임을 알려주고 싶었습니다.
이제 우리 아이들은 수학을 누구보다 잘해 나갈 것입니다.
" 그림으로 개념 잡는 " 초등수학 이 함께 할 테니까요!"

2학년 1학기 초등수학 차례

약속해요

공부를 시작하기 전에
친구는 나랑 약속할 수 있나요?

---

1. **바르게 앉아서** 공부합니다.

2. **꼼꼼히 읽고**, 개념 설명은 소리 내어 읽습니다.

3. 바른 글씨로 **또박또박** 씁니다.

4. 책을 **소중히** 다룹니다.

약속했으면 아래에 서명을 하고, 지금부터 잘 따라오세요~

이름: _____ (인)

1 세 자리 수

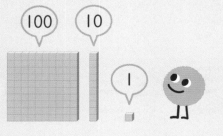

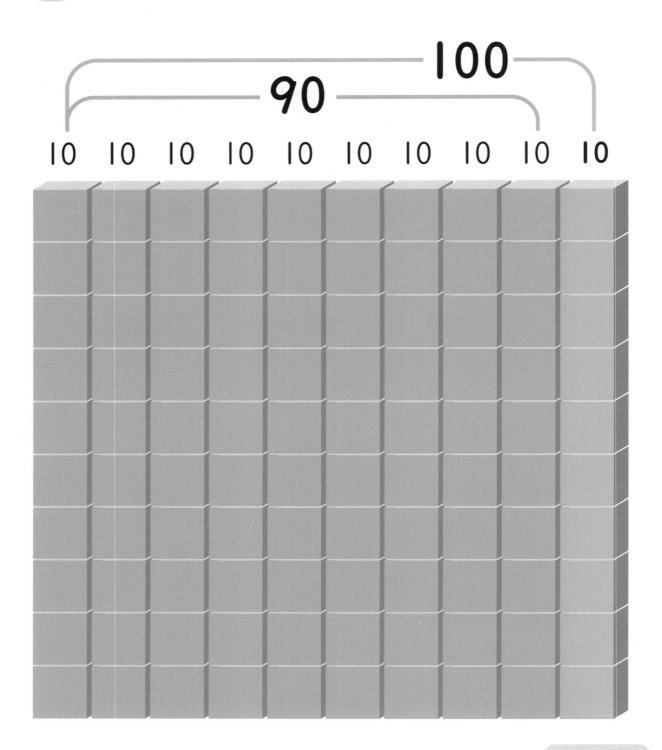

100

90

10 10 10 10 10 10 10 10 10 10

90보다 10만큼 더 큰 수는 100

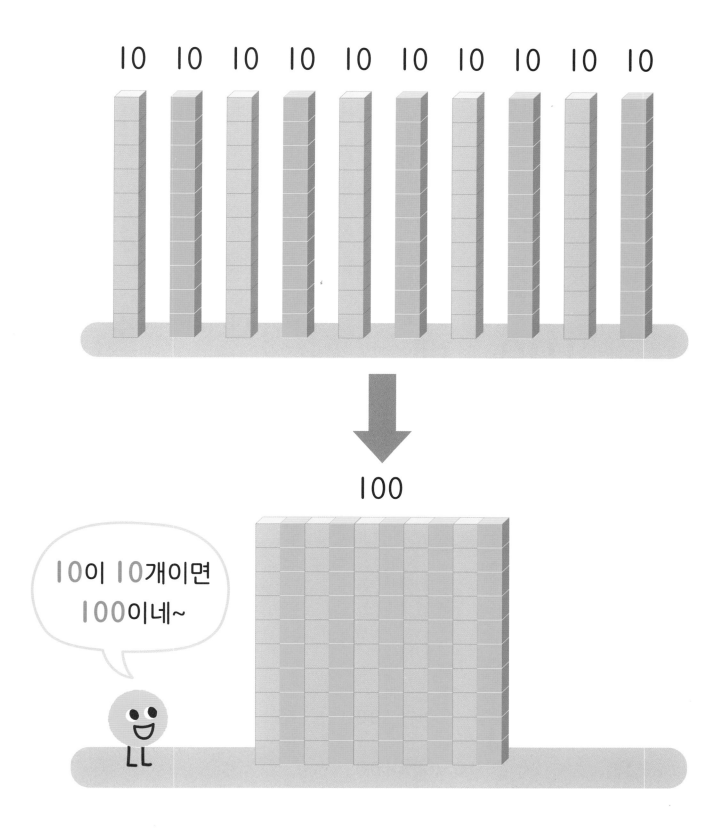

10이 10개이면
100이네~

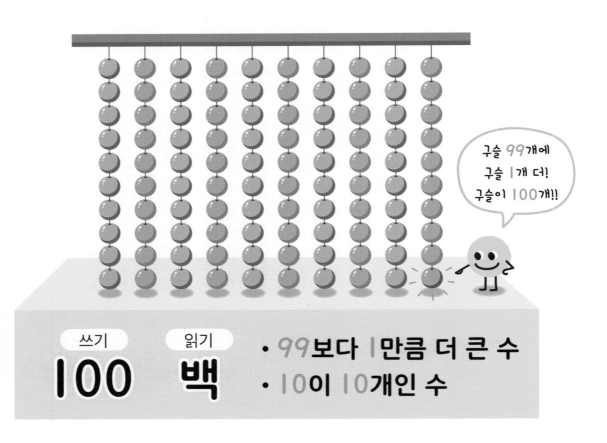

쓰기
100

읽기
백

• **99**보다 **1**만큼 더 큰 수
• **10**이 **10**개인 수

개념 익히기

정답 2쪽

그림을 보고, 빈칸을 알맞게 채우세요.

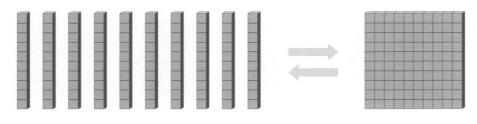

1 **10**이 10 개이면 **100**입니다.

2 ☐ 이 **10**개이면 **100**입니다.

3 **10**이 **10**개이면 ☐ 입니다.

정답 2쪽

100만큼 그림을 묶으세요.

십이 열 개면,
100이야.

1

2

3

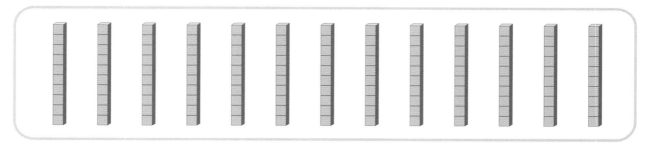

4

5

빈칸을 알맞게 채우세요.

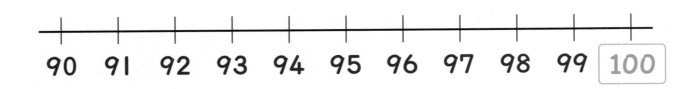

1   99보다 l만큼 더 큰 수는 **100** 입니다.

2   [ ]은 95보다 5만큼 더 큰 수입니다.

3   98보다 [ ]만큼 더 큰 수는 100입니다.

4   100은 92보다 [ ]만큼 더 큰 수입니다.

5   [ ]보다 3만큼 더 큰 수는 100입니다.

1-04

100이 어디 있는지
잘 봐~

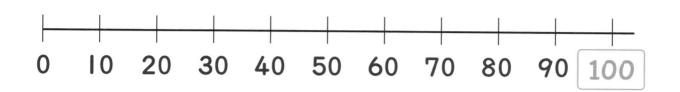

6 90보다 10만큼 더 큰 수는 100 입니다.

7 80보다 20만큼 더 큰 수는 □ 입니다.

8 100은 30보다 □ 만큼 더 큰 수입니다.

9 100은 60보다 □ 만큼 더 큰 수입니다.

10 □ 보다 50만큼 더 큰 수는 100입니다.

10의 개수				
쓰기	10	20	30	40
읽기	십	이십	삼십	사십

100의 개수				
쓰기	100	200	300	400
읽기	백	이백	삼백	사백

10이 한 개씩 늘어날 때, 10, 20, 30, …, 90이라고 하는 것처럼
100이 한 개씩 늘어날 때, 100, 200, 300, …, 900이라고 해!

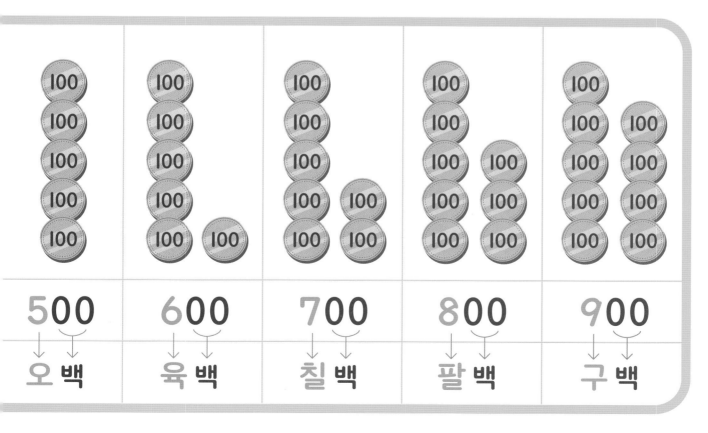

개념 쏙쏙 | 100이 5개이면 500

100이 5개이면 | **500** 이라고 쓰고,
오백 이라고 읽습니다.

개념 익히기

정답 3쪽

수 모형이 나타내는 수를 보고, 쓰고 읽어 보세요.

1

- 쓰기: _200_
- 읽기: _이백_

2

- 쓰기: _____
- 읽기: _____

3

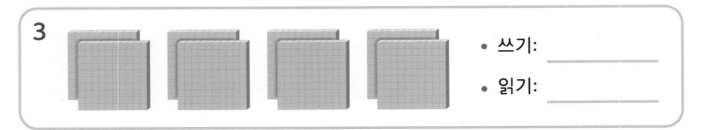

- 쓰기: _____
- 읽기: _____

주어진 수만큼 수 모형을 묶고 빈칸을 알맞게 채우세요.

백이 몇 개인지
생각해 보면 되겠다!

1

600

• 600은 100이 ⬚6 개입니다.
• 읽기: **육백**

2

300

• 300은 100이 ⬚ 개입니다.
• 읽기: ____

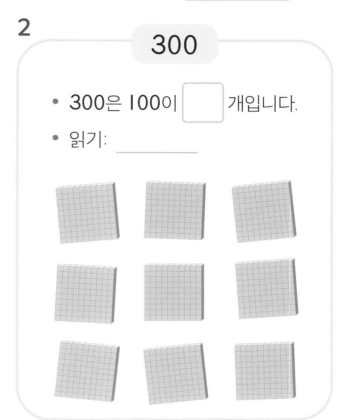

3

900

• 900은 100이 ⬚ 개입니다.
• 읽기: ____

4

700

• 700은 100이 ⬚ 개입니다.
• 읽기: ____

빈칸을 알맞게 채우세요.

한 칸의 크기를
잘 봐~

1

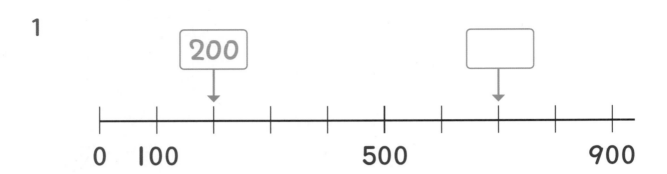

2

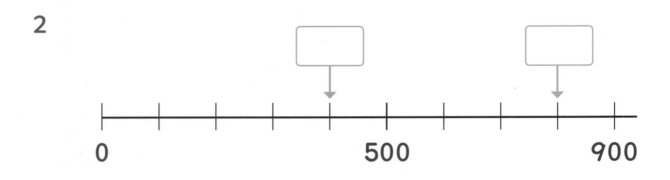

3

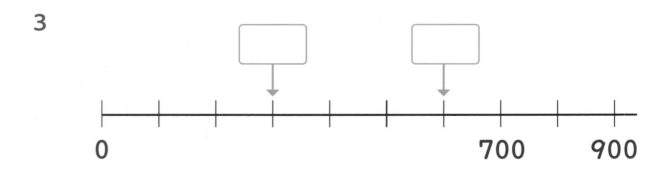

4

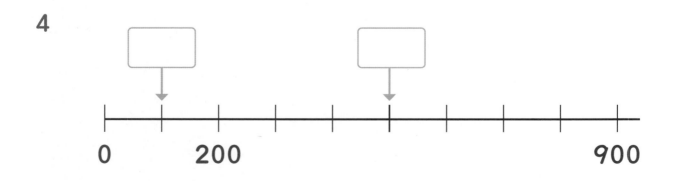

색칠한 칸의 수를 기준으로 하여, 설명에 알맞은 수에 ◯표 하세요.

몇백을 작은 수부터
차례대로 써 봐!

1  더 가까운 수   100   **300**   (400)

2  더 먼 수   400   **500**   700

3  더 가까운 수   600   **700**   900

4  더 가까운 수   300   **600**   700

5  더 먼 수   500   **800**   900

6  더 먼 수   200   **700**   900

백 모형 　　　　　십 모형 　　　　　일 모형

100이 **3**개 　　　10이 **2**개 　　　1이 **9**개

쓰기	읽기
329	**삼백이십구**

개념 익히기

정답 4쪽

수 모형의 개수를 세어 쓰고 읽어 보세요.

1

쓰기	279
읽기	이백칠십구

100이 　2　개 　10이 　7　개 　1이 　9　개

2

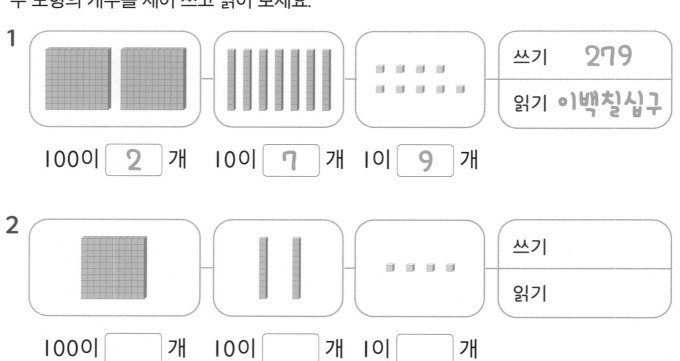

쓰기	
읽기	

100이 　　개 　10이 　　개 　1이 　　개

개념 다지기

그림이 나타내는 수를 쓰고 읽어 보세요.

정답 4쪽

일이 열 개면 10
십이 열 개면 100

1

쓰기   212

읽기 **이백십이**

2

쓰기

읽기

3

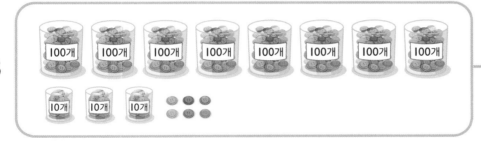
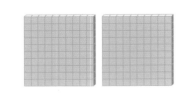

쓰기

읽기

4

쓰기

읽기

5

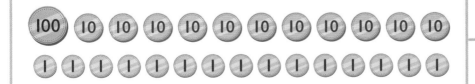

쓰기

읽기

100 + 20

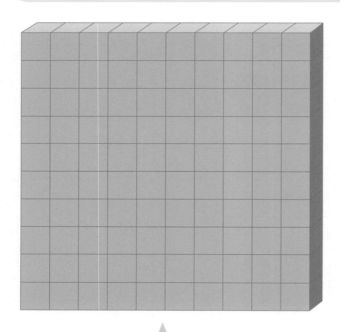

백 모형이
1개

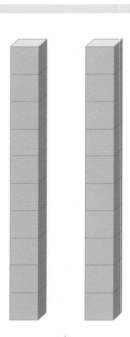

십 모형이
2개

같은 숫자라도, 어느 자리에 있느냐에 따라
나타내는 값이 달라~

$$+ 3 = 123$$

일의 개수를
나타내는
일의 자리

십의 개수를
나타내는
십의 자리

백의 개수를
나타내는
백의 자리

일 모형이
3개

* 100부터 999까지의 수가
세 자리 수입니다.
(백의 개수가 0개이면
세 자리 수가 아닙니다.)

개념 쏙쏙 자리에 따라 달라지는 값

자리의 이름 →	백의 자리	십의 자리	일의 자리
의미 →	100이 4개	10이 8개	1이 3개
나타내는 값 →	400	80	3

➡ $483 = 400 + 80 + 3$

개념 익히기

정답 4쪽

빈칸을 알맞게 채우세요.

1

백의 자리	십의 자리	일의 자리
6	4	2
100이 6개	10이 4 개	1이 2개
600	40	2
➡ $642 = 600 + 40 + 2$		

2

	십의 자리	일의 자리
3	7	5
□ 이 3개	10이 7개	1이 5개
300	□	5
➡ $375 = 300 + □ + 5$		

밑줄 친 숫자가 나타내는 값을 쓰세요.

각각의 숫자가
어느 자리에 있는지 잘 봐~

1 **<u>3</u>57** · · · · · · · · · 300

2 **4<u>6</u>9** · · · · · · · · ·

3 **14<u>3</u>** · · · · · · · · ·

4 **2<u>8</u>7** · · · · · · · · ·

5 **20<u>6</u>** · · · · · · · · ·

6 **<u>5</u>91** · · · · · · · · ·

수 배열표를 보고 물음에 답하세요.

수 배열표에서
규칙을 찾아봐~

591	592	593	594	595	596	597	598	599	600
601	602	603	604	605	606	607	608	609	610
611	612	613	614	615	616	617	618	619	620
621	622	623	624	625	626	627	628	629	630
631	632	633	634	635	636	637	638	639	640

1 십의 자리 숫자가 2인 수를 모두 찾아 빨간색으로 색칠하세요.

2 일의 자리 숫자가 6인 수를 모두 찾아 초록색으로 색칠하세요.

3 백의 자리 숫자가 5인 수를 모두 찾아 파란색으로 색칠하세요.

4 빨간색과 초록색이 모두 칠해진 수를 찾아 쓰세요. (   )

5 초록색과 파란색이 모두 칠해진 수를 찾아 쓰세요. (   )

정답 5쪽

금고의 비밀번호를 알아맞혀 보세요.

각 자리의 값을 어떻게
설명하고 있는지 잘 봐~

1

힌트

이 금고 비밀번호는
100이 6개인 세 자리 수야.
십의 자리 숫자는 30을 나타내고,
401과 일의 자리 숫자는 똑같아.

2

힌트

이 금고 비밀번호는
백의 자리 숫자가 700을 나타내는
세 자리 수야. 십의 자리 숫자는 0이고,
834와 일의 자리 숫자가 똑같아.

3

힌트

이 금고 비밀번호는
237과 백의 자리 숫자가 같은 세 자리
수야. 십의 자리 숫자는 10이 8개인
것을 뜻하고, 일의 자리 숫자는 5야.

4

힌트

이 금고 비밀번호는 백의 자리
숫자가 9인 세 자리 수야.
215와 십의 자리 숫자가 똑같고,
일의 자리 숫자는 3이야.

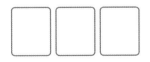

5. 뛰어 세기

- 뛰어 세기는 수가 점점 커져요.
- 거꾸로 뛰어 세기는 수가 점점 작아져요.

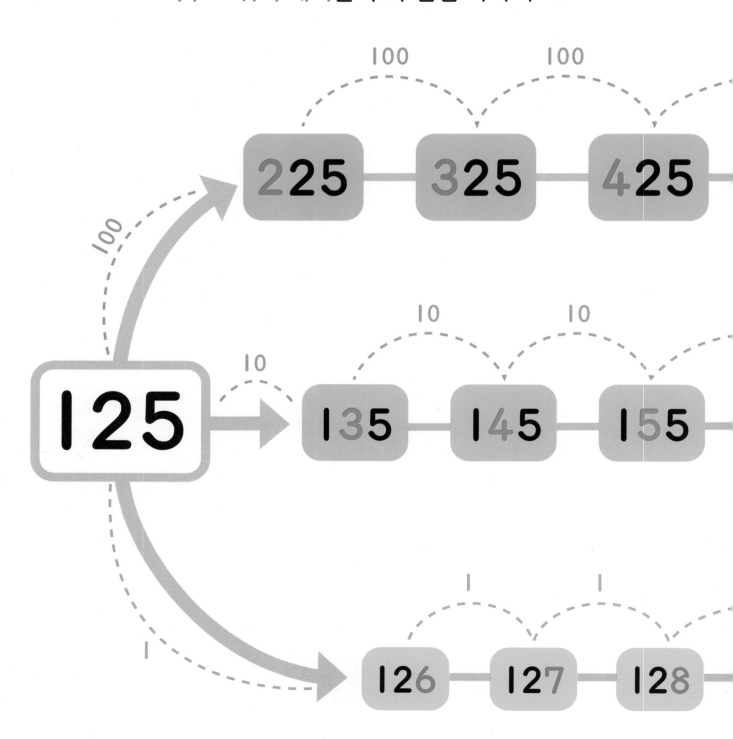

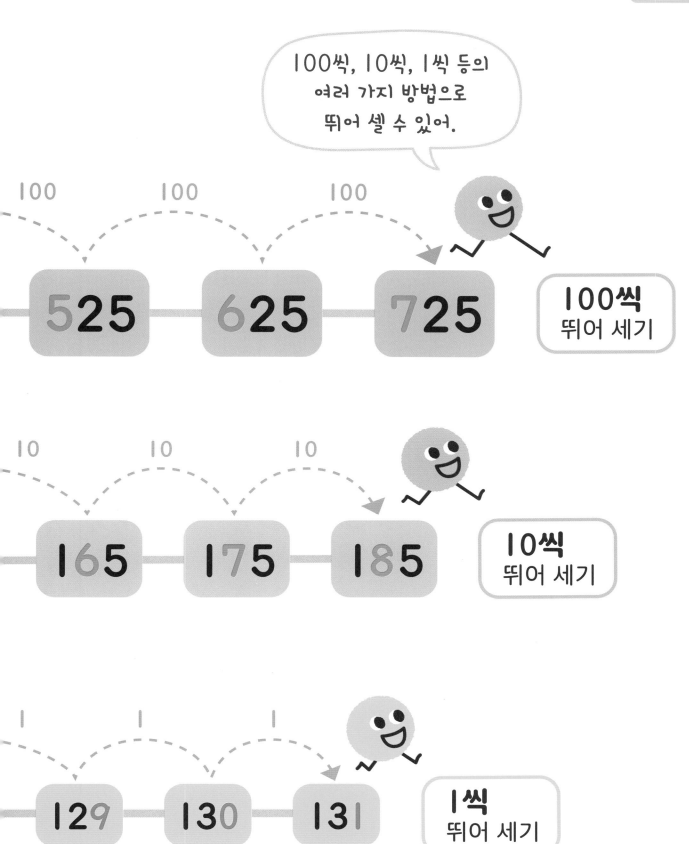

100씩, 10씩, 1씩 등의 여러 가지 방법으로 뛰어 셀 수 있어.

100

525

100씩
뛰어 세기

10씩
뛰어 세기

1씩
뛰어 세기

개념 쏙쏙 여러 가지 방법으로 뛰어 세기

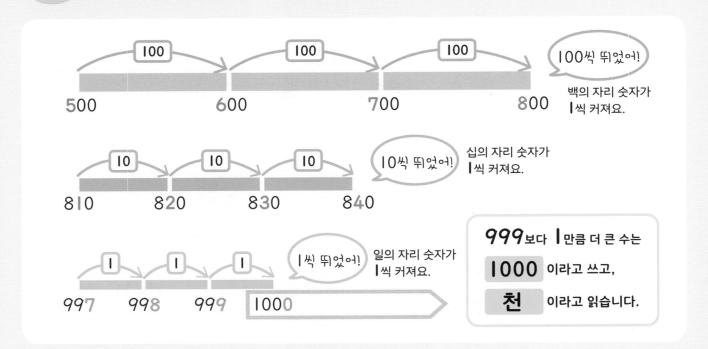

개념 익히기

정답 6쪽

그림을 보고 물음에 답하세요.

1 100원짜리 동전을 세면서 빈칸을 알맞게 채우세요.

100－200－**300**－400－500－□－□－800－□

2 이어서 10원짜리 동전을 세면서 빈칸을 알맞게 채우세요.

910－920－930－□－□－960－970－□－□

3 이어서 1원짜리 동전을 세면서 빈칸을 알맞게 채우세요.

991－□－993－994－□－996－997－□－□－1000

정답 6쪽

빈칸을 알맞게 채우세요.

어느 자리의 숫자가
어떻게 변하는지 보면 되겠지~

1

231 — 331 — 431 — 531 — 631 — 731 — 831 — 931

100 씩 뛰어 세었습니다.

2

649 — 659 — ☐ — 679 — ☐ — 699 — 709 — ☐

☐ 씩 뛰어 세었습니다.

3

387 — 397 — ☐ — ☐ — 427 — 437 — ☐ — 457

☐ 씩 뛰어 세었습니다.

4

☐ — 994 — 995 — ☐ — 997 — ☐ — 999 — ☐

☐ 씩 뛰어 세었습니다.

5

450 — 500 — 550 — ☐ — 650 — ☐ — ☐ — 800

☐ 씩 뛰어 세었습니다.

빈칸을 알맞게 채우세요.

 뛰어 세기니까, 점점 커지는 거야.

1 300에서 출발해서 100씩 뛰어 세었어.

300 - 400 - 500 - 600 - 700 - 800 - 900 - 1000

2 211에서 출발해서 10씩 뛰어 세었어.

211 - [ ] - [ ] - [ ] - [ ] - [ ] - [ ] - [ ]

3 714에서 출발해서 1씩 뛰어 세었어.

714 - [ ] - [ ] - [ ] - [ ] - [ ] - [ ] - [ ]

4 100에서 출발해서 50씩 뛰어 세었어.

100 - [ ] - [ ] - [ ] - [ ] - [ ] - [ ] - [ ]

5 860에서 출발해서 20씩 뛰어 세었어.

860 - [ ] - [ ] - [ ] - [ ] - [ ] - [ ]

> **거꾸로** 뛰어 세기니까,
> 점점 작아지는 거야.

6

650에서 출발해서 20씩 **거꾸로** 뛰어 세었어.

650 - 630 - 610 - 590 - 570 - 550 - 530 - 510

7

1000에서 출발해서 100씩 **거꾸로** 뛰어 세었어.

1000 - ☐ - ☐ - ☐ - ☐ - ☐ - ☐ - ☐

8

568에서 출발해서 10씩 **거꾸로** 뛰어 세었어.

568 - ☐ - ☐ - ☐ - ☐ - ☐ - ☐ - ☐

9

450에서 출발해서 50씩 **거꾸로** 뛰어 세었어.

450 - ☐ - ☐ - ☐ - ☐ - ☐ - ☐ - ☐

10

890에서 출발해서 1씩 **거꾸로** 뛰어 세었어.

890 - ☐ - ☐ - ☐ - ☐ - ☐ - ☐ - ☐

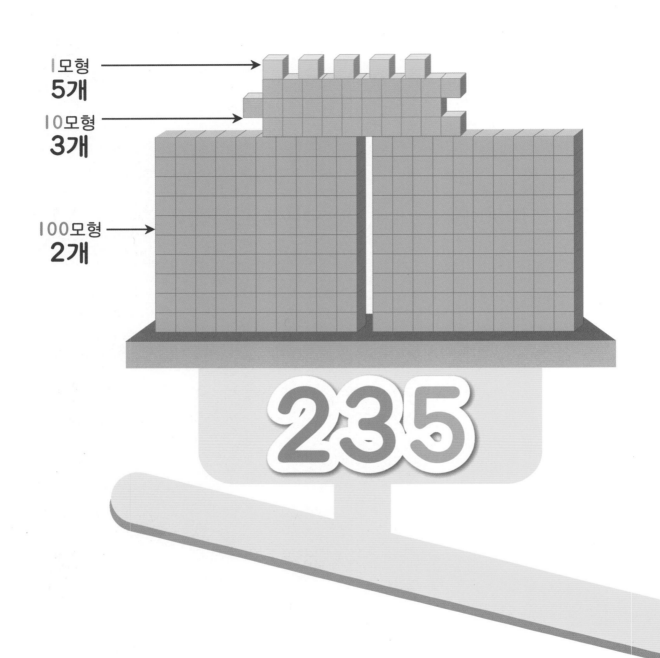

1모형
5개

10모형
3개

100모형
2개

235 < 236

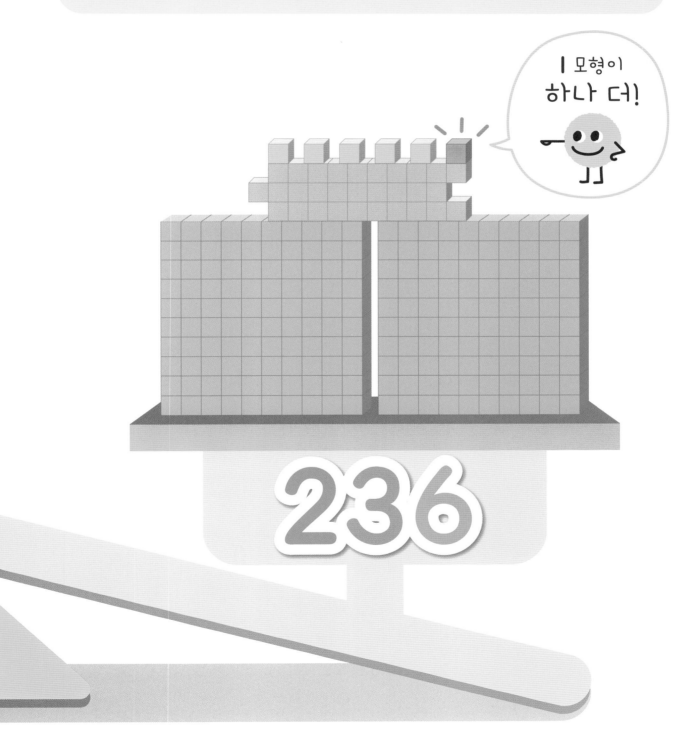

개념 쏙쏙 높은 자리 수부터 비교

| 백의 자리 숫자가 **큰 쪽**이 **큰 수입니다.** | 387 < 450 |
| | 3<4 |

| 백의 자리 숫자가 같으면, **십**의 자리 숫자가 **큰 쪽**이 **큰 수입니다.** | 232 > 218 |
| | 3>1 |

| 백의 자리 숫자와 십의 자리 숫자가 각각 같으면, **일**의 자리 숫자가 **큰 쪽**이 **큰 수입니다.** | 232 < 233 |
| | 2<3 |

개념 익히기

정답 7쪽

빈칸을 채우고 ○ 안에 > 또는 < 를 알맞게 쓰세요.

1

651 →

백의 자리	십의 자리	일의 자리
6	5	1

499 →

4	9	9

651 (>) 499

2

269 →

백의 자리	십의 자리	일의 자리

270 →

2	7	0

269 ( ) 270

3

386 →

백의 자리	십의 자리	일의 자리
3		6

384 →

	8	

386 ( ) 384

수의 크기를 비교하여 알맞게 색칠하세요.

높은 자리 수부터
비교해 봐~

1 가장 작은 수에 빨간색을 칠해보세요.

2 가장 큰 수에 파란색을 칠해보세요.

3 가장 작은 수에는 빨간색, 가장 큰 수에는 파란색을 칠해보세요.

4 가장 작은 수에는 빨간색, 가장 큰 수에는 파란색을 칠해보세요.

물음에 답하세요.

> 백의 자리의 숫자가
> 클수록 큰 수야.

1 수의 크기를 비교하여 <u>작은 순서대로</u> 쓰세요.

| 387 | 369 | 211 |

(211 , 369 , 387)

2 수의 크기를 비교하여 <u>큰 순서대로</u> 쓰세요.

| 548 | 569 | 499 |

(,   ,   )

3 수의 크기를 비교하여 <u>가장 큰 수</u>와 <u>가장 작은 수</u>를 차례로 쓰세요.

| 742 | 859 | 861 |

(,   )

4 아래의 카드 4장 중 3장으로 만들 수 있는 <u>가장 큰 세 자리 수</u>는 무엇일까요?

2 5 7 9

(   )

5 아래의 카드 4장 중 3장으로 만들 수 있는 <u>가장 작은 세 자리 수</u>는 무엇일까요?

(   )

□ 안에 들어갈 수 있는 숫자를 모두 찾아 ◯표 하세요.

복잡해 보여도, 백의 자리 숫자부터 차례로 비교하는 거야.

1 565 < 56□

0	1	2	3	4
5	⑥	⑦	⑧	⑨

2 6□3 > 648

0	1	2	3	4
5	6	7	8	9

3 368 < 3□8

0	1	2	3	4
5	6	7	8	9

4 741 < □48

0	1	2	3	4
5	6	7	8	9

5 153 > 1□2

0	1	2	3	4
5	6	7	8	9

1 책꽂이 한 칸에 책이 10권씩 10칸에 꽂혀 있습니다. 책의 수를 쓰고, 읽어 보세요.

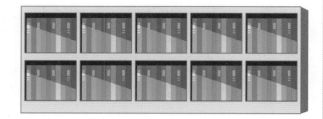

쓰기 ( )

읽기 ( )

2 수 모형에 대한 설명으로 알맞은 말에 ○표 하세요.

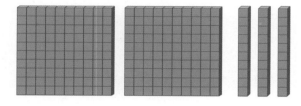

300보다 큽니다.

200보다 작습니다.

200보다 크고 300보다 작습니다.

3 100에 대한 설명입니다. 빈칸을 알맞게 채우세요.

- 10이 ☐ 개인 수
- 90보다 ☐ 만큼 더 큰 수
- 99보다 ☐ 만큼 더 큰 수

4 수 모형이 나타내는 수를 쓰고, 읽어 보세요.

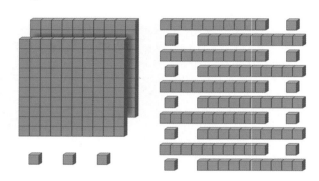

쓰기 ( )

읽기 ( )

5 동전은 모두 얼마인가요?

( )원

6 밑줄 친 숫자가 나타내는 값을 쓰세요.

- 9 6 <u>3</u> ➡ (   )

- 2 <u>8</u> 1 ➡ (   )

- <u>3</u> 0 4 ➡ (   )

7 10원짜리 동전으로 360원을 만들려면 동전 몇 개가 필요할까요?

(   )개

8 아래의 5, 4, 8, 0 숫자 카드 4장 중 3장으로 만들 수 있는 가장 큰 세 자리 수와 가장 작은 세 자리 수를 구하세요.

가장 큰 세 자리 수   : (   )

가장 작은 세 자리 수 : (   )

9 아래의 동전 4개 중 3개로 만들 수 있는 세 자리 수를 모두 쓰세요. (정답 2개)

(,   )

10 예린이가 설명하고 있는 세 자리 수를 쓰세요.

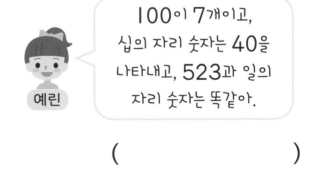

100이 7개이고, 십의 자리 숫자는 40을 나타내고, 523과 일의 자리 숫자는 똑같아.

예린

(   )

11 100, 10, 1이 적힌 바구니에 아래 그림과 같이 공이 들어 있습니다. 그림이 나타내는 세 자리 수를 쓰고, 읽어 보세요.

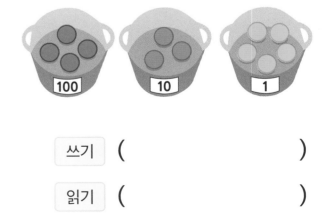

쓰기 (   )

읽기 (   )

12 수 모형을 보고 빈칸을 알맞게 채우세요.

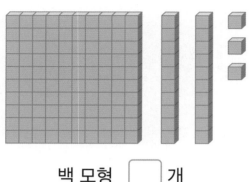

백 모형 ☐ 개

십 모형 ☐ 개

일 모형 ☐ 개

123 = ☐ + ☐ + ☐

13 빈칸에 들어갈 수 있는 숫자를 모두 쓰세요.

218 > 2☐7

(   )

14 일부가 가려져 있는 세 자리 수의 크기를 비교하여 ◯ 안에 > 또는 <를 알맞게 쓰세요.

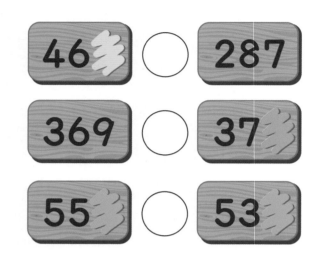

15 400과 600 사이에 있는 세 자리 수 중 가장 큰 수는 무엇일까요?

(   )

16 '나'는 어떤 수일까요?

* 나는 세 자리 수입니다.
* 백의 자리 숫자는 2보다 크고 4보다 작습니다.
* 십의 자리 숫자는 50을 나타냅니다.
* 일의 자리 숫자는 백의 자리 숫자보다 1만큼 더 큽니다.

(   )

17 318에서 출발해서 100씩 5번 뛰어 센 수는 얼마일까요?

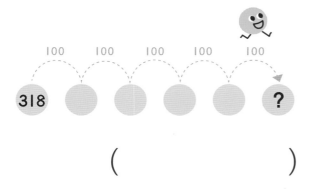

(   )

18 빈칸에 알맞은 수를 쓰세요.

| 413 | 423 | 433 | | |

➡   씩 뛰어 세었습니다.

✏ 서술형
19 1000이 어떤 수인지 설명하세요.

_____

_____

_____

_____

✏ 서술형
20 500에서 출발해서 900에 도착하는 뛰어 세기를 만들어 보세요.

_____

_____

_____

_____

상상력 키우기

 글자 뒤에 숨어 있는 수를 찾아 빈칸을 완성하세요.

10	20	30	40	50	60	70	80	90	100
110	120	130	140	150	160	170	180	190	200
210	섬	230	240	250	260	270	280	290	300
310	320	330	340	350	360	370	380	물	400
410	420	430	440	적	460	470	480	490	500
510	520	530	540	550	560	570	580	590	600
610	620	630	640	650	660	670	680	690	700
710	720	보	740	750	760	770	780	790	800
810	820	830	840	850	860	870	880	890	900
910	920	930	940	950	960	970	980	990	해

1000	450	220	730	390
⬇	⬇	⬇	⬇	⬇

2 여러 가지 도형

개념 쏙쏙 · 변 3개, 꼭짓점 3개는 3각형

삼각형은 끊어진 부분 없이 곧은 선 **3**개로 둘러싸인 도형입니다.

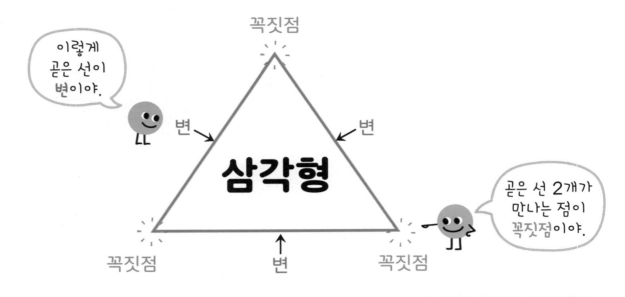

꼭짓점

이렇게 곧은 선이 변이야.

변 ↗

변 ↖

삼각형

곧은 선 2개가 만나는 점이 꼭짓점이야.

꼭짓점   변 ↑   꼭짓점

- 여러 가지 삼각형

개념 익히기

정답 11쪽

2-01

물음에 답하세요.

1 꼭짓점에 모두 ○표 하세요.

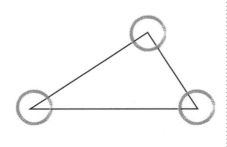

2 변에 모두 ○표 하세요.

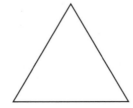

3 삼각형의 꼭짓점과 변은 각각 몇 개씩일까요?

꼭짓점: ☐ 개

변: ☐ 개

정답 11쪽

삼각형을 찾아 △표 하세요.

1

2

3

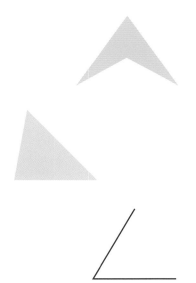

4

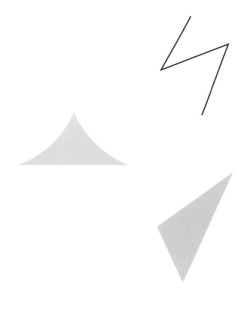

개념 쏙쏙 | 변 4개, 꼭짓점 4개는 4각형

사각형은 끊어진 부분 없이 곧은 선 **4**개로 둘러싸인 도형입니다.

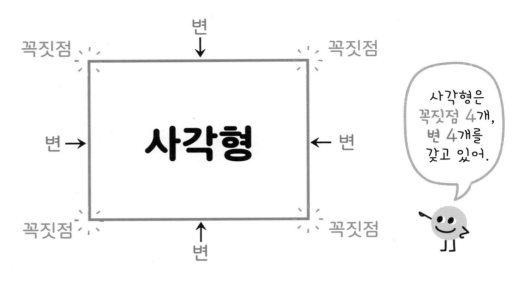

사각형은 꼭짓점 4개, 변 4개를 갖고 있어.

- 여러 가지 사각형

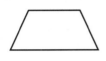  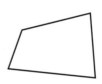

개념 익히기

정답 11쪽

물음에 답하세요.

1 변에 모두 ◯표 하세요.

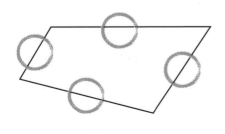

2 꼭짓점에 모두 ◯표 하세요.

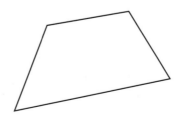

3 사각형의 꼭짓점과 변은 각각 몇 개씩일까요?

꼭짓점: ☐ 개

변: ☐ 개

사각형을 찾아 ☐표 하세요.

1

2

3

4 그림에 사각형 모양이 몇 개 있을까요?

하나씩 표시하면서 세면
실수하지 않을 거야.

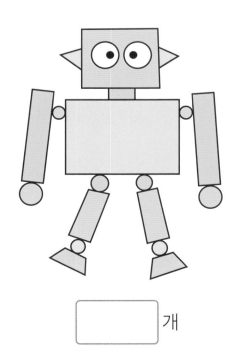

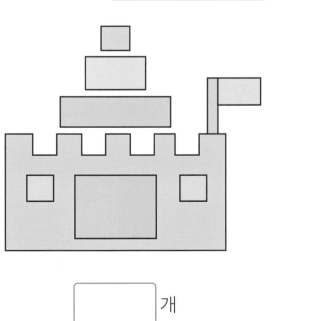

☐ 개

☐ 개

개념 **펄치기**

정답 12쪽

모눈종이에 알맞게 선을 그려 도형을 완성해 보세요.

삼각형은 변이 3개,
사각형은 변이 4개!

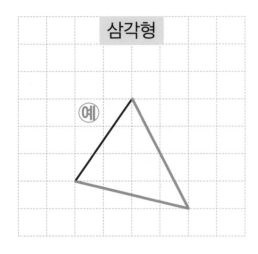

삼각형

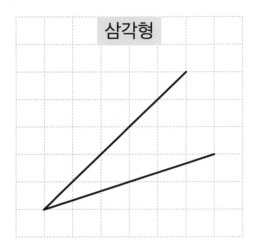

삼각형

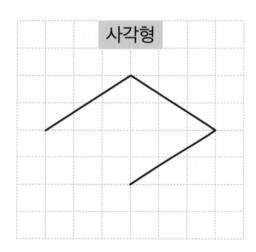

사각형

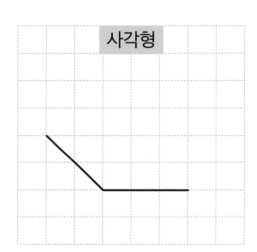

사각형

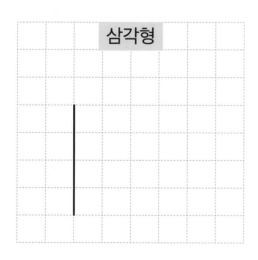

삼각형

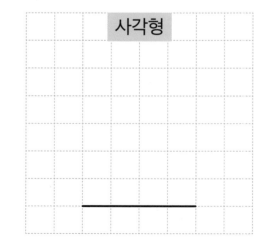

사각형

개념 펼치기

정답 12쪽

주어진 점을 이용해 모양과 크기가 다른 삼각형,
사각형을 각각 3개씩 그려 보세요.

자유롭게 그려도 되지만,
끊어진 부분이 있으면 안 돼~

삼각형

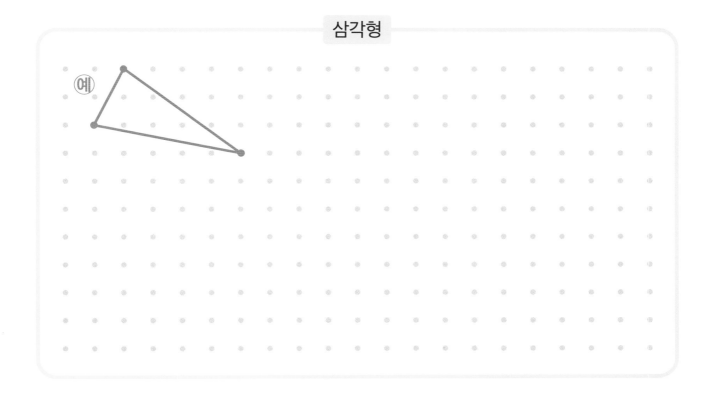

사각형

개념 쏙쏙

그림과 같은 도형을 **원**이라고 합니다.

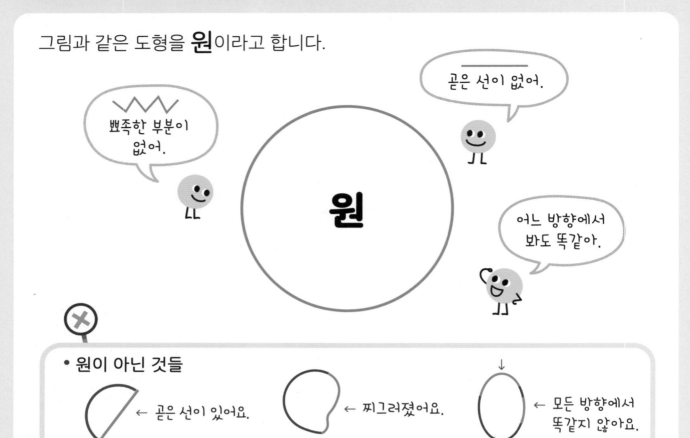

곧은 선이 없어.

뾰족한 부분이 없어.

원

어느 방향에서 봐도 똑같아.

• 원이 아닌 것들

← 곧은 선이 있어요.　　← 찌그러졌어요.　　← 모든 방향에서 똑같지 않아요.

개념 익히기

정답 12쪽

원에 ◯표 하세요.

1

2

3

원 모양을 찾을 수 있는 것에 ◯표 하세요.

완전히 동~그랗게 생긴
도형이 원이지!

1

2

3

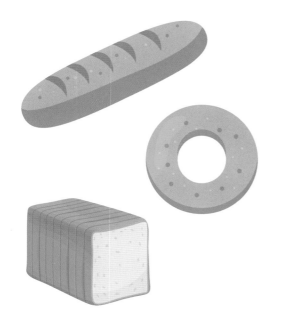

4

개념 쏙쏙 7개의 예쁜 도형 조각판

- 칠교판 -

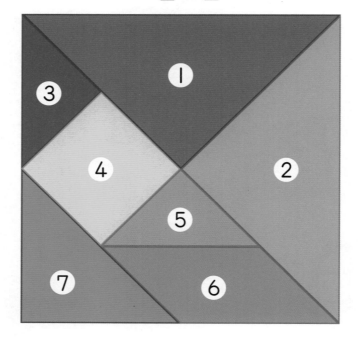

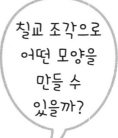
칠교 조각으로 어떤 모양을 만들 수 있을까?

삼각형 2개로
사각형 1개!

삼각형 2개로
물고기!

삼각형 1개
사각형 1개는?

이건 뭘 닮았지?

개념 익히기

정답 13쪽

위의 칠교판을 보고 물음에 답하세요.

1 칠교 조각은 모두 몇 개일까요?

(7)개

2 칠교판에서 삼각형 조각의 번호를 모두 쓰세요.

( )

3 칠교판에서 사각형 조각의 번호를 모두 쓰세요.

( )

개념 **다지기**

칠교 조각으로 주어진 모양을 만드세요. 붙임딱지 이용

조각들로 삼각형, 사각형
만드는 방법을 꼭 기억해둬!

1 오른쪽의 두 조각으로 삼각형과 사각형을
만들어 아래에 붙이세요.

2 오른쪽의 세 조각으로 삼각형과
사각형을 만들어 아래에 붙이세요.

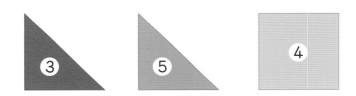

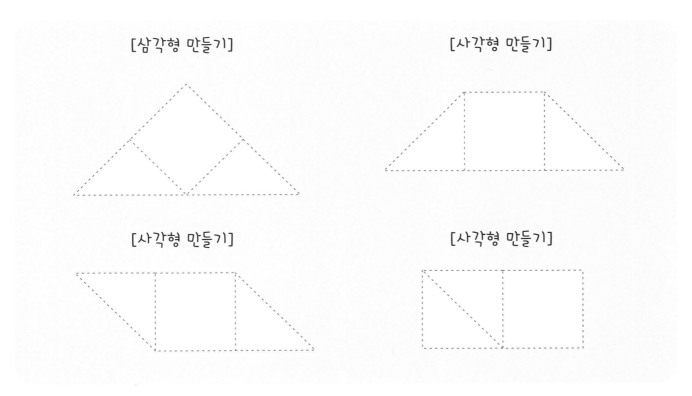

3 오른쪽의 세 조각으로 삼각형과
사각형을 만들어 아래에 붙이세요.

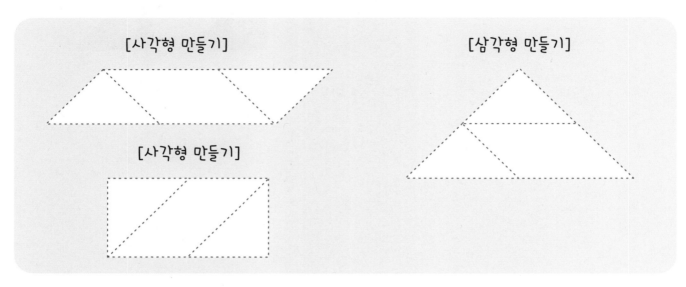

4 오른쪽의 세 조각으로 삼각형과
사각형을 만들어 아래에 붙이세요.

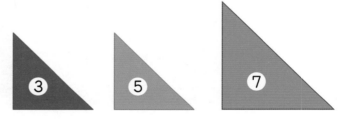

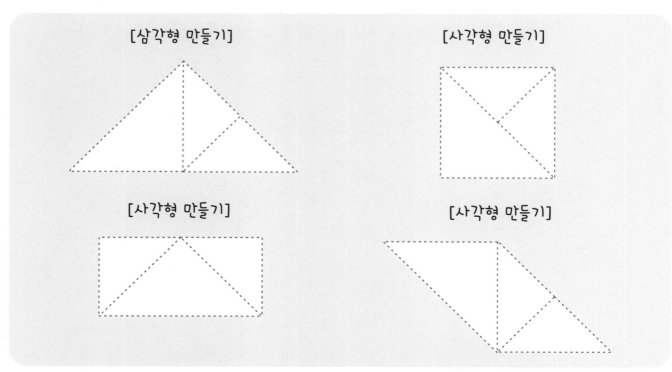

칠교 조각 붙임딱지로 주어진 모양을 똑같이 만들어 붙이세요. 붙임딱지 이용

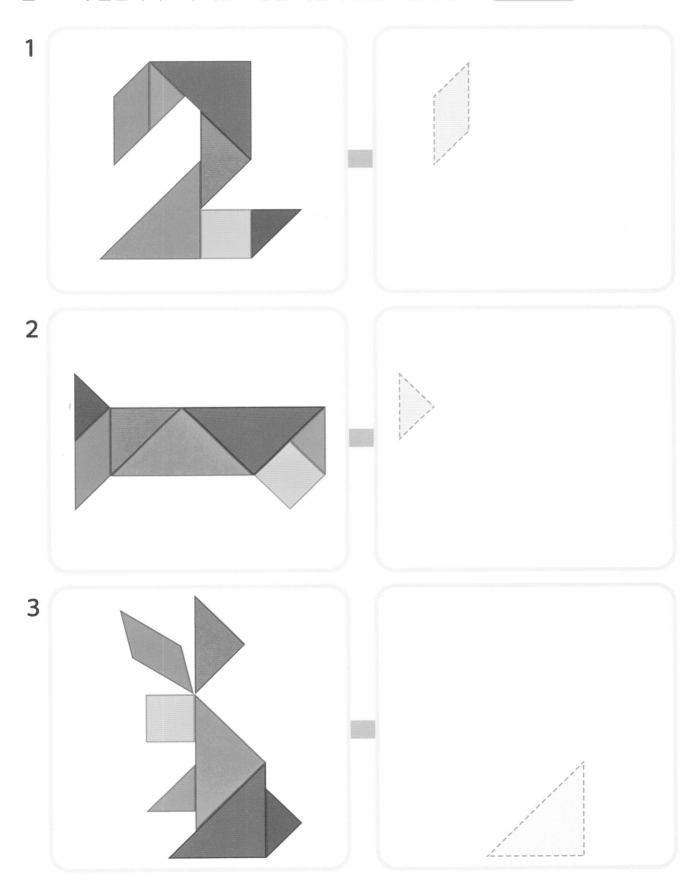

1

2

3

개념 쏙쏙   쌓은 모양을 설명하는 방법

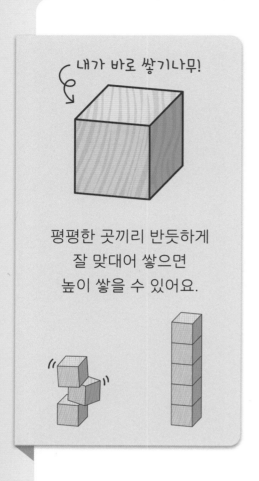

내가 바로 쌓기나무!

평평한 곳끼리 반듯하게
잘 맞대어 쌓으면
높이 쌓을 수 있어요.

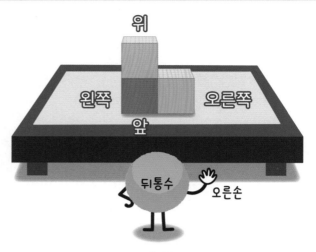

위

왼쪽   오른쪽

앞

뒤통수   오른손

내가 보고 있는 쪽이 **앞쪽** ·········· 반대는 뒤쪽

오른손이 있는 쪽이 **오른쪽** ········ 반대는 왼쪽

방향이 정해지면
쌓은 모양을 설명할 수 있지!!

빨간색 쌓기나무가 1개 있고,

빨간색 쌓기나무의 **오른쪽**에 쌓기나무 1개,

빨간색 쌓기나무의 **위**에 쌓기나무 1개가 있어요.

개념 익히기

정답 14쪽

2-11

쌓은 모양에 대한 설명으로 알맞은 말을 괄호 안에서 고르세요.

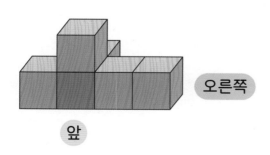

오른쪽

앞

1 빨간색 쌓기나무 (오른쪽 , 왼쪽)에
쌓기나무가 2개 있습니다.

2 빨간색 쌓기나무 (위 , 아래)에
쌓기나무가 1개 있습니다.

3 빨간색 쌓기나무 (앞 , 뒤)에
쌓기나무가 1개 있습니다.

개념 **다지기**

정답 14쪽

설명하는 쌓기나무에 ∨표 하세요.

어느 것이 기준인지,
어느 방향인지 잘 봐.

1 빨간색 쌓기나무의
바로 위에 있는 쌓기나무

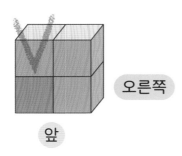

2 빨간색 쌓기나무의
바로 아래에 있는 쌓기나무

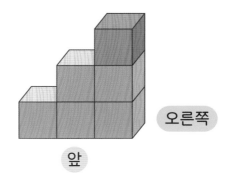

3 빨간색 쌓기나무의
바로 앞에 있는 쌓기나무

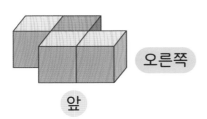

4 빨간색 쌓기나무의
바로 뒤에 있는 쌓기나무

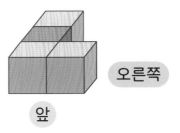

5 빨간색 쌓기나무의
바로 왼쪽에 있는 쌓기나무

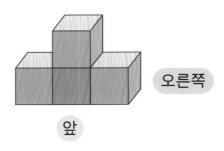

6 빨간색 쌓기나무의
바로 오른쪽에 있는 쌓기나무

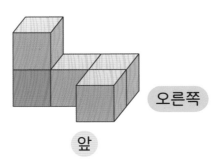

개념 펼치기

알맞게 색칠하세요.

문장을 꼼꼼히 읽어야 해.

1 가운데에 있는 쌓기나무는 노란색
입니다.

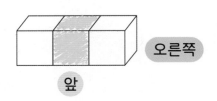

2 가장 위에 있는 쌓기나무는 노란색
입니다.

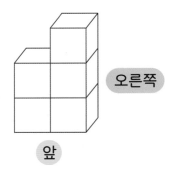

3 가장 앞에 있는 쌓기나무는 파란색
입니다.

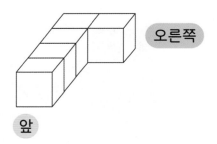

4 가장 왼쪽에 있는 쌓기나무는 파란색
입니다.

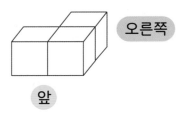

5 가장 오른쪽에 있는 쌓기나무는
초록색입니다.

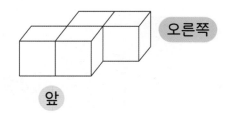

6 가장 왼쪽에 있는 쌓기나무는 빨간색
이고, 가장 오른쪽에 있는 쌓기나무
는 노란색입니다.

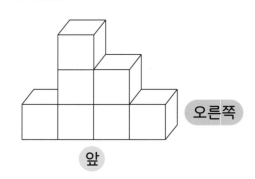

개념 펼치기

정답 14쪽

로봇에게 명령을 하여 쌓기나무를 쌓으려고 합니다.
주어진 모양으로 쌓기 위한 명령어를 보기 에서 모두 찾아
기호를 쓰세요.

> 어느 것이 기준인지,
> 어느 방향인지 잘 봐.

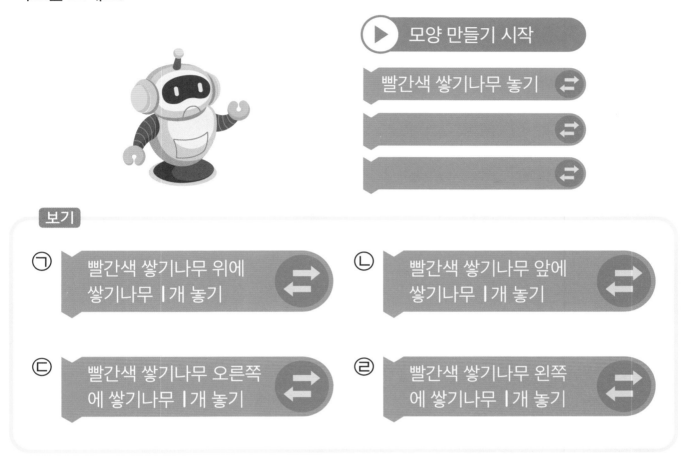

▶ 모양 만들기 시작

빨간색 쌓기나무 놓기

보기

㉠ 빨간색 쌓기나무 위에 쌓기나무 1개 놓기

㉡ 빨간색 쌓기나무 앞에 쌓기나무 1개 놓기

㉢ 빨간색 쌓기나무 오른쪽에 쌓기나무 1개 놓기

㉣ 빨간색 쌓기나무 왼쪽에 쌓기나무 1개 놓기

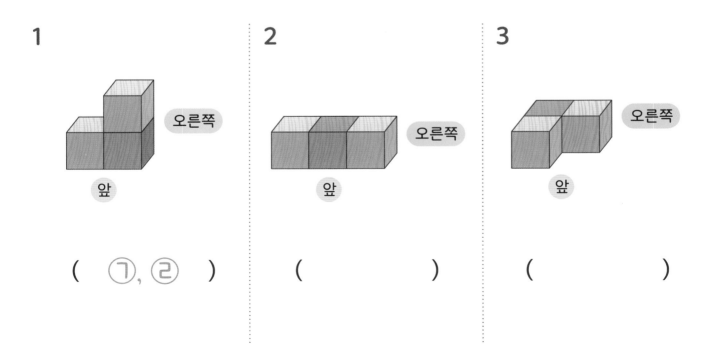

1

오른쪽

앞

(㉠, ㉣)

2

오른쪽

앞

( )

3

오른쪽

앞

( )

개념 쏙쏙 같은 개수, 다른 모양

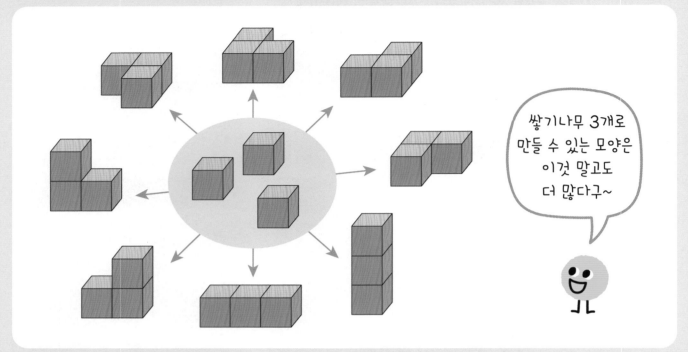

쌓기나무 3개로
만들 수 있는 모양은
이것 말고도
더 많다구~

개념 익히기

정답 15쪽

설명하는 모양에 ◯표 하세요.

1 쌓기나무 **4**개로 만든
모양

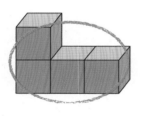

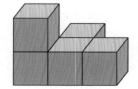

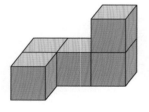

2 쌓기나무 **5**개로 만든
모양

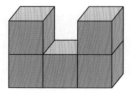

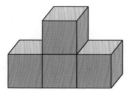

3 쌓기나무 **6**개로 만든
모양

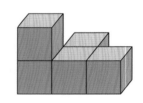

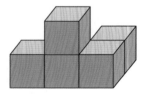

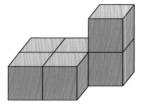

그림에 대한 설명으로 알맞은 것에 ◯표 하세요.

> 몇 층인지, 전체적으로 어떤
> 모양인지 잘 보라구~

1

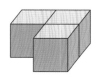

㉠ 2층으로 쌓았습니다. (   )

㉡ 쌓기나무 3개로 만들었습니다. (◯)

㉢ ㅁ 모양입니다. (   )

2

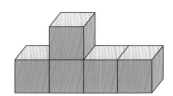

㉠ 2층으로 쌓았습니다. (   )

㉡ 쌓기나무 4개로 만들었습니다. (   )

㉢ ㄷ 모양입니다. (   )

3

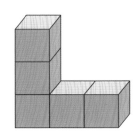

㉠ 2층으로 쌓았습니다. (   )

㉡ 쌓기나무 6개로 만들었습니다. (   )

㉢ ㄴ 모양입니다. (   )

4

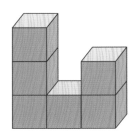

㉠ 3층으로 쌓았습니다. (   )

㉡ 쌓기나무 5개로 만들었습니다. (   )

㉢ ㅁ 모양입니다. (   )

5

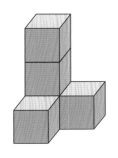

㉠ 2층으로 쌓았습니다. (   )

㉡ 쌓기나무 5개로 만들었습니다. (   )

㉢ ㄷ 모양입니다. (   )

개념 **펼치기**

정답 15쪽

왼쪽 모양에서 쌓기나무 1개를 옮겨 오른쪽과 같은 모양을
만들려고 합니다. 옮겨야 할 쌓기나무에 ◯표 하세요.

> 왼쪽과 오른쪽에서 어디가
> 달라졌는지부터 찾아봐.

1

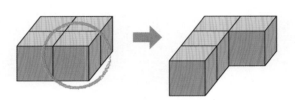

2

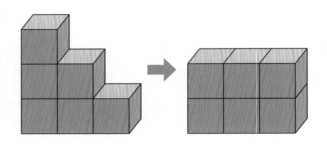

3

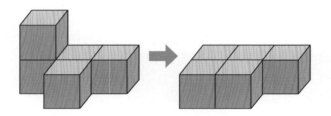

4

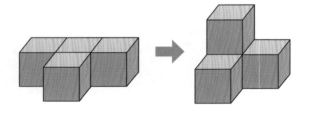

5

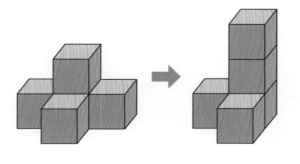

6

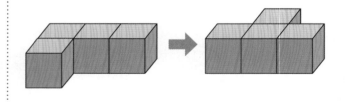

개념 펼치기

설명에 알맞게 쌓은 모양에 ◯표 하세요.

으아~! 복잡하다!
그러니까 문장을 앞에서부터
제대로 이해하면서 읽어야 해~

1 쌓기나무 **2**개가 옆으로 나란히 있고, 오른쪽 쌓기나무 위에 쌓기나무 **1**개가 있습니다.

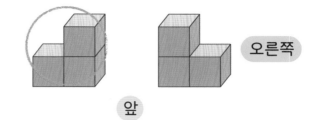
오른쪽
앞

2 **1**층에 쌓기나무 **3**개가 옆으로 나란히 있고, 가운데 쌓기나무 위에 쌓기나무 **1**개가 있습니다.

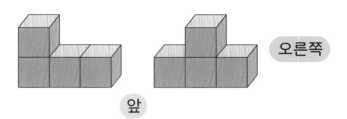
오른쪽
앞

3 쌓기나무 **3**개가 옆으로 나란히 있고, 가장 오른쪽에 있는 쌓기나무 앞과 위에 쌓기나무가 각각 **1**개씩 있습니다.

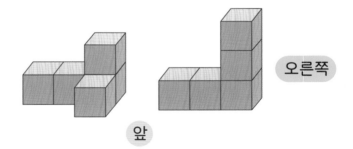
오른쪽
앞

4 쌓기나무 **2**개가 앞뒤로 나란히 있고, 뒤에 있는 쌓기나무의 왼쪽에 쌓기나무가 **1**개 있습니다.

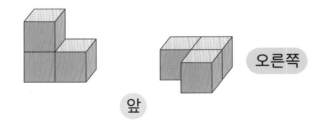
오른쪽
앞

5 쌓기나무 **3**개가 옆으로 나란히 있고, 가장 왼쪽에 있는 쌓기나무의 앞뒤로 쌓기나무가 각각 **1**개씩 있습니다.

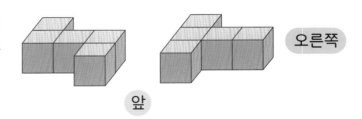
오른쪽
앞

[1-3] 다음 모양자를 보고 물음에 답하세요.

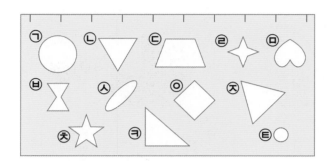

1 모양자에 있는 삼각형 모양의 기호를 모두 쓰세요.

( )

2 ㉠의 이름은 무엇일까요?

( )

3 사각형을 그릴 때 사용할 수 있는 모양은 모두 몇 개일까요?

( )개

4 다음 문장이 원에 대한 설명이면 ○, 삼각형에 대한 설명이면 △, 사각형에 대한 설명이면 □를 그리세요.

(1) 꼭짓점이 4개입니다. ( )

(2) 어느 방향에서 봐도 같은 모양입니다.

( )

(3) 변이 3개입니다. ( )

5 표를 완성하세요.

	○	△	□
이름	원		사각형
꼭짓점의 수	개	3개	4개
변의 수	0개	3개	개

6 아래 그림과 같이 점선을 따라 종이를 자르면 어떤 도형이 몇 개 만들어질까요?

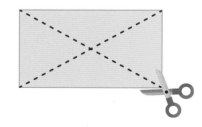

┌─────┐이┌──┐개 만들어집니다.

7 3개의 쌓기나무로 만든 두 모양의 같은 점으로 알맞은 것의 기호를 쓰세요.

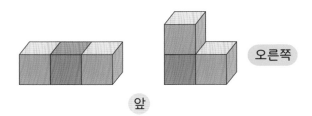

오른쪽

앞

> ㉠ 2층으로 만들었습니다.
> ㉡ 빨간색 쌓기나무 위에 쌓기나무 1개가 있습니다.
> ㉢ 빨간색 쌓기나무 오른쪽에 쌓기나무 1개가 있습니다.

(   )

8 아래의 점을 꼭짓점으로 하여 서로 겹치지 않도록 삼각형과 사각형을 하나씩 그려 보세요.

```
·    ·    ·    ·    ·
·    ·    ·    ·    ·
·    ·    ·    ·    ·
·    ·    ·    ·    ·
·    ·    ·    ·    ·
```

9 아래 그림과 같이 쌓기나무 1개를 옮겨 모양을 바꾸었습니다. 옮겨야 할 쌓기나무에 ◯표 하세요.

10 쌓은 모양에 대한 설명으로 알맞은 단어를 괄호 안에서 고르세요.

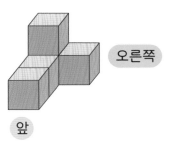

오른쪽

앞

쌓기나무 3개가 (옆으로 , 앞뒤로) 나란히 있고, 그중에서 가장 뒤에 있는 쌓기나무의 (오른쪽 , 왼쪽)과 (아래 , 위)에 쌓기나무가 각각 1개씩 있습니다.

11 보기 의 세 조각을 이용하여 다음 모양을 만들었습니다. 조각이 놓인 모양을 표시해 보세요.

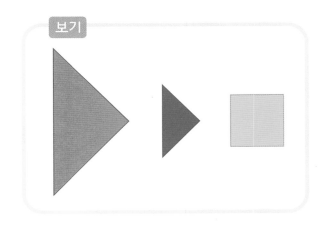

보기

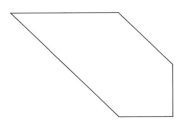

12 원의 특성을 바르게 말한 친구의 이름을 쓰세요.

시훈: 원에는 뾰족한 부분이 있어.

주영: 원에는 찌그러진 부분이 있지.

민지: 원은 보는 방향에 따라 모양이 달라져.

진우: 원에는 곧은 선이 없어.

(   )

[13~14] 다음은 칠교 조각을 이용하여 만든 모양입니다. 물음에 답하세요.

13 그림과 같은 도형을 만드는 데 이용한 사각형은 몇 개일까요?

(   )개

14 그림과 같은 도형을 만드는 데 이용한 삼각형은 몇 개일까요?

(   )개

15 설명하는 쌓기나무를 찾아 ◯표 하세요.

(1) 빨간색 쌓기나무 바로 앞에 있는 쌓기나무

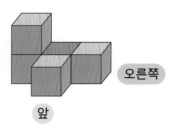

오른쪽

앞

(2) 빨간색 쌓기나무 바로 오른쪽에 있는 쌓기나무

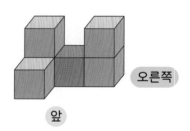

오른쪽

앞

16 칠교판에서 찾을 수 없는 도형에 ◯표 하세요.

삼각형 , 사각형 , 원

17 칠교 조각으로 다음과 같은 모양을 만들었습니다. 사용한 삼각형과 사각형 조각은 각각 몇 개일까요?

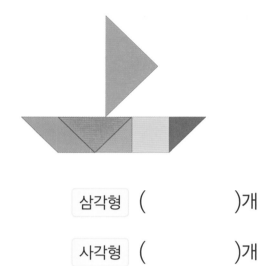

삼각형 ( )개

사각형 ( )개

18 여러 가지 도형으로 얼굴 모양을 만들었습니다. 사용한 원, 삼각형, 사각형 모양의 개수는 각각 몇 개일까요?

원 ( )개

삼각형 ( )개

사각형 ( )개

서술형
19 쌓기나무로 쌓은 모양을 설명하세요.

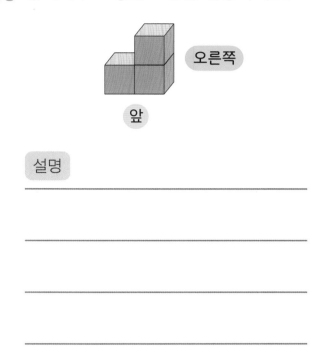

설명

_____

_____

_____

_____

서술형
20 다음 도형이 삼각형이 아닌 이유를 설명하세요.

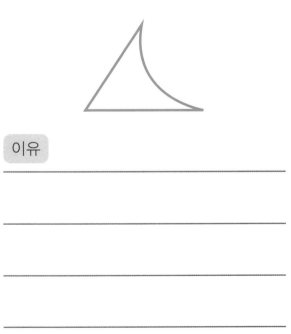

이유

_____

_____

_____

_____

칠교 조각으로 만든 모양을 따라 그리고,
멋지게 꾸며 보세요.

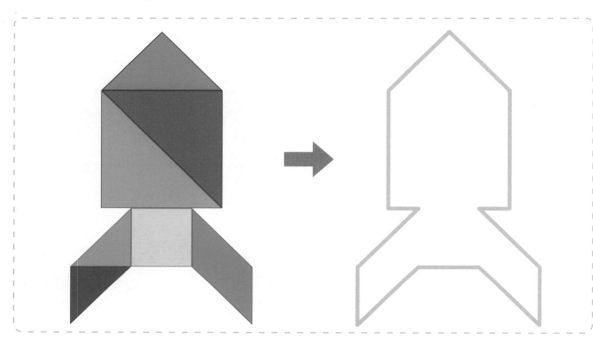

우리 반 교실에서 내 자리가 어디에 있는지
설명해 보세요.

예) 교실 뒤쪽 창문 오른쪽에 책상 2개가 옆으로 나란히 있고,
오른쪽 책상 바로 앞이 내 자리입니다.

3 덧셈과 뺄셈

받아올림!

이 단원에서 배울 내용

- 받아올림, 받아내림이 있는 두 자리 수의 덧셈, 뺄셈

이어서 세는 방법으로 더하기

17 + 4

17에서   4만큼 더 세기

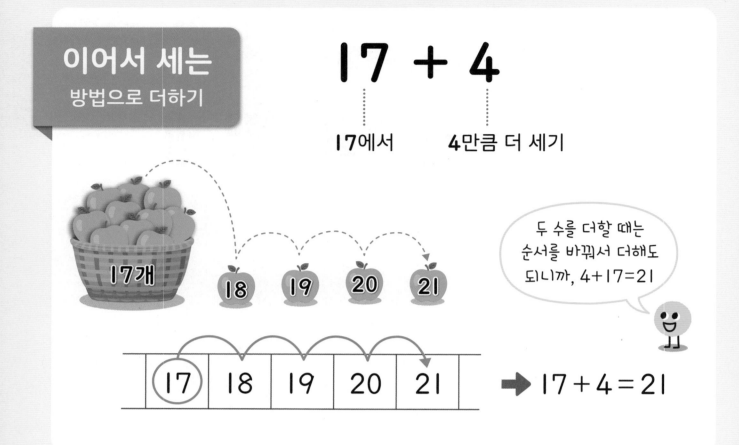

17개

두 수를 더할 때는 순서를 바꿔서 더해도 되니까, 4+17=21

➡ 17 + 4 = 21

개념 익히기

수 배열표를 보고 물음에 답하세요.

8	9	10	11	12	13	14	15	16	17	18	19	20	21	22	23	24	25

1   11에서부터 이어 세어 11+4를 계산하세요.   11 + 4 = ☐ 15

2   13에서부터 이어 세어 13+9를 계산하세요.   13 + 9 = ☐

3   17에서부터 이어 세어 17+8을 계산하세요.   17 + 8 = ☐

수판에 그리는 방법으로 더하기

17 + 4

17과   4를 모두 세기

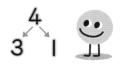
수판을 꽉 채워 그리면 이렇게 가르기가 되는구나!

4
3 1

➡ 그린 모양은 모두 21개! 그러니까, 17 + 4 = 21

$$17 + 4 = 21$$

③ ①

합하면 20

개념 익히기

정답 18쪽

더하는 수만큼 수판에 △를 그리고, 계산해 보세요.

1

$18 + 3 = \boxed{21}$

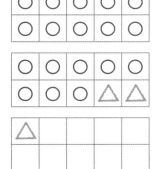

2

$19 + 5 = \boxed{}$

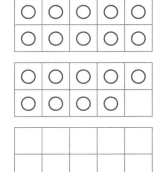

3

$16 + 7 = \boxed{}$

개념 다지기

정답 18쪽

빈칸을 이용하여 더하는 수만큼 이어 세기를 하고, 계산해 보세요.

수를 차례대로 써놓고
이어 세기를 해 봐!

1   18 + 4 = 22
   ⤴--- 4만큼 더 세기

18	19	20	21	22						

2   15 + 5 =
   ⤴--- 5만큼 더 세기

15										

3   12 + 9 =
   ⤴--- 9만큼 더 세기

12										

4   31 + 6 =
   ⤴--- 6만큼 더 세기

31										

5   27 + 7 =
   ⤴--- 7만큼 더 세기

27										

정답 18쪽

더하는 수만큼 수판에 △를 그리고, 더하는 수를 가르기 해 보세요.

수판이 꽉 차게 이어서
그려야 해~

1 16 + 6

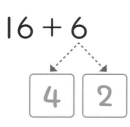

2

4

2 15 + 8

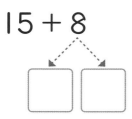

3 27 + 5

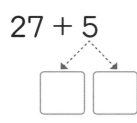

4 12 + 9

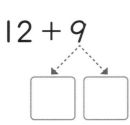

5 38 + 7

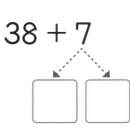

두 자리 수를 더할 때는?

18 + 25

몇십 몇 으로
가르기를 해서 구하기!

18 + 25

20   5

수직선으로

18에서   20만큼 가고   5만큼 더 가기!!

18   28   38   43

수배열표로

11	12	13	14	15	16	17	**18**	19	20
21	22	23	24	25	26	27	28	29	30
31	32	33	34	35	36	37	38	39	40
41	42	**43**	44	45	46	47	48	49	50

20만큼 가고

⬇ 10씩 커져요.
➡ 1씩 커져요.

5만큼 더 가기!!

➡ 18 + 25 = 43

개념 익히기

정답 19쪽

덧셈식에서 수를 몇십과 몇으로 가르기 해 보세요.

1

14 + 35

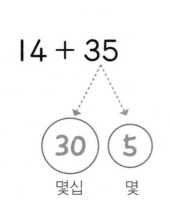

30   5
몇십 몇

2

41 + 28

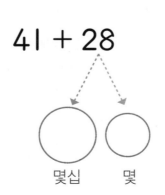

몇십 몇

3

37 + 16

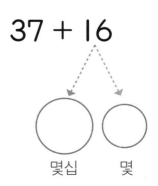

몇십 몇

수 배열표를 이용하여 계산해 보세요.

1   22＋19＝**41**

21	22	23	24	25	26	27	28	29	30
31	32	33	34	35	36	37	38	39	40
41	42	43	44	45	46	47	48	49	50

2   18＋13＝

11	12	13	14	15	16	17	18	19	20
21	22	23	24	25	26	27	28	29	30
31	32	33	34	35	36	37	38	39	40
41	42	43	44	45	46	47	48	49	50

3   35＋27＝

31	32	33	34	35	36	37	38	39	40
41	42	43	44	45	46	47	48	49	50
51	52	53	54	55	56	57	58	59	60
61	62	63	64	65	66	67	68	69	70

4   57＋29＝

51	52	53	54	55	56	57	58	59	60
61	62	63	64	65	66	67	68	69	70
71	72	73	74	75	76	77	78	79	80
81	82	83	84	85	86	87	88	89	90

몇십으로 만들어서 더하기

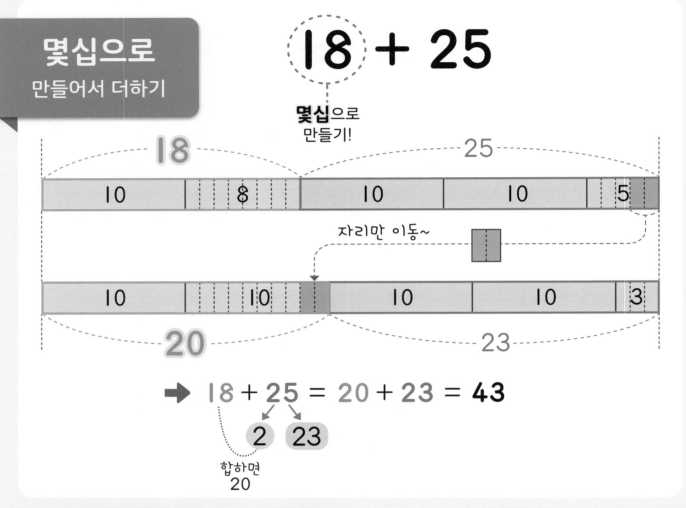

➡ 18 + 25 = 20 + 23 = **43**

개념 익히기

정답 19쪽

그림을 보고 앞의 수가 몇십인 덧셈식으로 바꾸어 보세요.

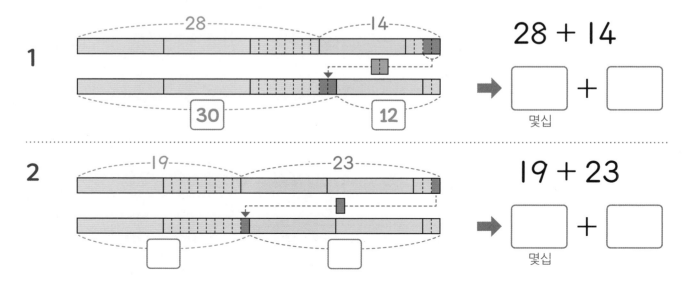

1. 28 + 14

➡ ☐ + ☐
몇십

2. 19 + 23

➡ ☐ + ☐
몇십

개념 다지기

앞의 수가 몇십이 되도록 뒤의 수를 가르기 해서 계산해 보세요.

> 몇십이 되려면 얼마가
> 필요한지 생각해 봐~

1

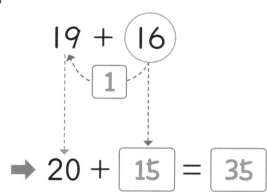

$$19 + 16$$
$$1$$
➡ $20 + 15 = 35$

2

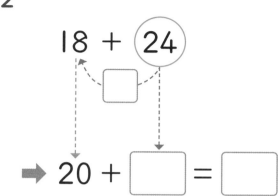

$$18 + 24$$
➡ $20 + \boxed{} = \boxed{}$

3

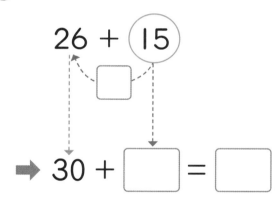

$$26 + 15$$
➡ $30 + \boxed{} = \boxed{}$

4

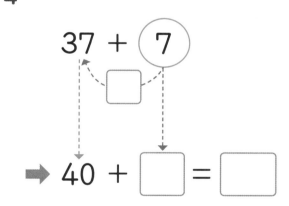

$$37 + 7$$
➡ $40 + \boxed{} = \boxed{}$

5

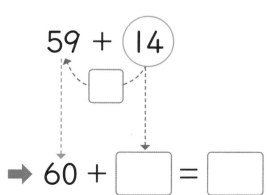

$$59 + 14$$
➡ $60 + \boxed{} = \boxed{}$

6

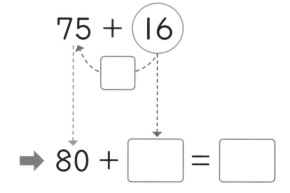

$$75 + 16$$
➡ $80 + \boxed{} = \boxed{}$

4. 세로셈으로 더하기

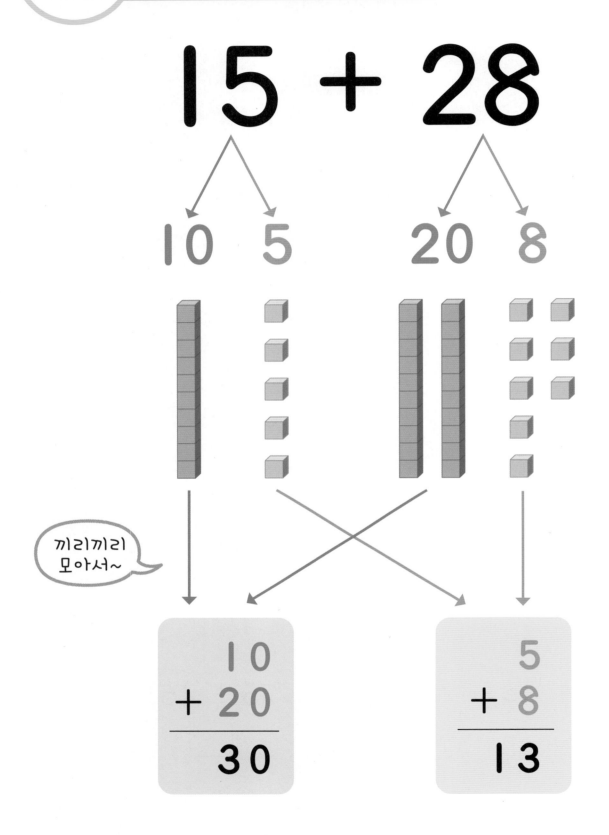

끼리끼리 모아서~

➡ 30 + 13 = 43

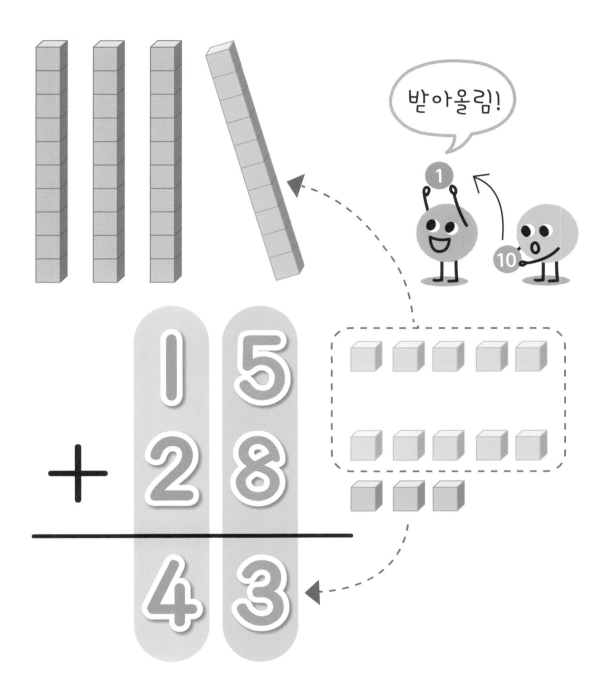

같은 자리 수끼리의 합이 10이거나 10보다 크면
바로 윗자리로 10을 올려 계산하는 방법을 받아올림이라고 합니다.

받아올림한 수까지 더하기!

★ $15 + 28 = ?$ (세로셈으로 계산하면 실수를 줄일 수 있습니다.)

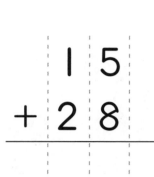

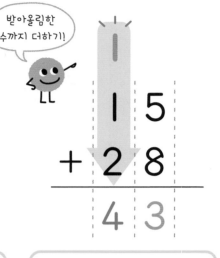

말풍선: 받아올림한 수까지 더하기!

| 같은 자리끼리 맞추어 세로셈으로 쓰기 | 일의 자리 수끼리 더하고, 그 합이 두 자리 수이면 받아올림하기 | 십의 자리 수끼리 더할 때, 받아올림한 수도 같이 더하기 |

개념 **익히기**

계산해 보세요.

1

$$\begin{array}{r} 1 \\ 1\ 8 \\ +\ 2\ 5 \\ \hline 4\ 3 \end{array}$$

2

$$\begin{array}{r} \square \\ 2\ 9 \\ +\ 1\ 7 \\ \hline \square\ \square \end{array}$$

3

$$\begin{array}{r} \square \\ 3\ 7 \\ +\ 2\ 6 \\ \hline \square\ \square \end{array}$$

백이 넘는 덧셈

이것만 기억하면
덧셈은 문제없겠네!

덧셈의 원칙

1. 같은 자리끼리
   일의 자리부터 더하기

2. 같은 자리끼리의 합이
   10이거나 10보다 크면 받아올림

3. 받아올림했는데 덧셈할 숫자가
   없으면 그대로 내려서 쓰기

★ $73 + 53 = ?$

$$\begin{array}{r} 73 \\ +\ 53 \\ \hline 126 \end{array}$$

개념 익히기

정답 20쪽

계산해 보세요.

1

$$\begin{array}{r} 53 \\ +\ 65 \\ \hline 118 \end{array}$$

2

$$\begin{array}{r} 94 \\ +\ 32 \\ \hline \square\square\square \end{array}$$

3

$$\begin{array}{r} 86 \\ +\ 91 \\ \hline \square\square\square \end{array}$$

개념 다지기

정답 20쪽

계산해 보세요.

받아올림이 있으면
꼭! 표시하면서 계산하기~

1

```
    1
    4 4
+   1 9
─────────
    6 3
```

2

```
    3 7
+   8 2
─────────
```

3

```
    2 5
+   5 7
─────────
```

4

```
    9 9
+   2 6
─────────
```

5

```
    3 7
+   6 9
─────────
```

6

```
    8 4
+   1 8
─────────
```

7

```
    6 0
+   5 1
─────────
```

8

```
    5 4
+   4 6
─────────
```

9

```
    7 8
+   4 3
─────────
```

빈칸을 알맞게 채우세요.

일의 자리부터 생각해서
알맞은 수를 찾아보자!

1

```
    1
  3 [6]
+ 2 5
─────
  6 1
```

2

```
  2 [ ]
+ 2 6
─────
  5 3
```

3

```
  6 8
+ 2 [ ]
─────
  9 2
```

4

```
  5 8
+ 2 [ ]
─────
  8 7
```

5

```
  7 8
+ 6 [ ]
─────
1 [ ] 5
```

6

```
[ ] 2
+ 1 8
─────
  5 0
```

7

```
  3 2
+[ ][ ]
─────
  7 1
```

8

```
[ ] 6
+ 3 9
─────
1 1 [ ]
```

9

```
  5 9
+[ ][ ]
─────
1 4 6
```

식을 세우고 물음에 답하세요.

어떤 상황인지 생각하면서
덧셈식을 만들어 봐~

1 은수는 마트에서 감 **25**개, 배 **16**개, 달걀 **30**개를 샀습니다. 은수가 산 과일은 모두 몇 개일까요?

식 25+16=41   답   41   개

2 지아는 어제 줄넘기를 **45**개 했고 오늘은 어제보다 **39**개 더 했습니다. 지아는 오늘 줄넘기를 몇 개 했을까요?

식 _____   답 _____ 개

3 수인이는 땅콩을 **37**개, 세아는 **26**개 먹었습니다. 둘이 먹은 땅콩은 모두 몇 개일까요?

식 _____   답 _____ 개

4 닭장에 암탉이 **55**마리, 수탉이 **48**마리 있습니다. 닭장에 있는 닭은 모두 몇 마리일까요?

식 _____   답 _____ 마리

5 우리 학교 학생 수는 **1**학년이 **73**명, **2**학년이 **84**명, **3**학년이 **91**명입니다. **1**학년과 **3**학년의 학생은 모두 몇 명일까요?

식 _____   답 _____ 명

빈칸에 들어갈 수를 왼쪽의 수 카드에서 골라 알맞게 쓰세요.
(단, 수 카드는 한 장씩만 있습니다.)

일의 자리부터 주어진 수를
하나씩 넣으면서 생각해 봐!

1

3 4 8 9

```
    5 [4]
+ [8] 2
-------
  1[3] 6
```

2

3 4 5 6

```
  [ ] 3
+   8 [ ]
-------
  1 [ ] 9
```

3

1 4 5 7

```
  [ ] 2
+   9 [ ]
-------
[ ] 6 7
```

4

1 2 5 7 9

```
    8 [ ]
+ [ ] 3
-------
  1 4 [ ]
```

개념 쏙쏙 거꾸로 세기와 지우기

거꾸로 세는 방법으로 빼기

22 − 5

22에서 ┈┈┈┈ 5만큼 거꾸로 세기

➡ 22 − 5 = 17

개념 익히기

수 배열표를 보고 물음에 답하세요.

14	15	16	17	18	19	20	21	22	23	24	25	26	27	28	29	30	31

1 25에서부터 거꾸로 세어 25−7을 계산하세요.　　25 − 7 = 18

2 31에서부터 거꾸로 세어 31−3을 계산하세요.　　31 − 3 = ☐

3 23에서부터 거꾸로 세어 23−4를 계산하세요.　　23 − 4 = ☐

지우는 방법으로 빼기

22 − 5

22에서   5만큼 지우기

지울 때는, 끝에서부터 차례로 지워야 남은 개수를 세기 쉬워~

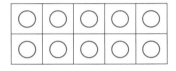 

3 빼기!   2 빼고,

➡ 남은 ○ 모양은 모두 17개! 그러니까, 22 − 5 = 17

$$22 - 5 = 17$$

② ③

빼면
20

개념 익히기

정답 24쪽

빼는 수만큼 수판의 ○ 모양을 ╱표시하여 지우고, 계산해 보세요.

1

24 − 8 = 16

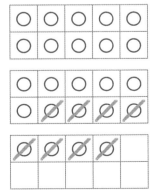

2

15 − 6 = ▢

3

26 − 9 = ▢

개념 다지기

빈칸을 이용하여 거꾸로 세는 방법으로 계산해 보세요.

1씩 작아지게 수를 쓰고,
빼는 수만큼 거꾸로 세어 봐~

1 22 − 7 = 15

7만큼 거꾸로 세기

| | | | 15 | 16 | 17 | 18 | 19 | 20 | 21 | 22 |

2 31 − 4 =

4만큼 거꾸로 세기

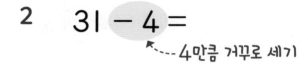

| | | | | | | | | | | 31 |

3 47 − 8 =

8만큼 거꾸로 세기

| | | | | | | | | | | 47 |

4 25 − 6 =

6만큼 거꾸로 세기

| | | | | | | | | | | 25 |

5 43 − 9 =

9만큼 거꾸로 세기

| | | | | | | | | | | 43 |

개념 펼치기

정답 24쪽

수판의 ○ 모양을 ╱표시로 알맞게 지우고, 빼는 수를 가르기 해 보세요.

끝에서부터 차례대로 지우는 거야~

1

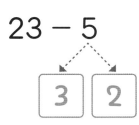

23 − 5

3 2

2

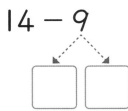

14 − 9

3

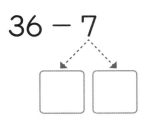

36 − 7

4

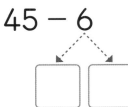

45 − 6

5

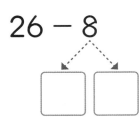

26 − 8

개념 쏙쏙 **몇십과 몇으로 가르고 빼기**

두 자리 수를 뺄 때는?

30 − 26

몇십 몇 으로
가르기를 해서 구하기!

30 − 26

20   6

30에서 **20**만큼 거꾸로, **6**만큼 거꾸로! ◁ 30-20-6

1	2	3	**4**	5	6	7	8	9	10
11	12	13	14	15	16	17	18	19	20
21	22	23	24	25	26	27	28	29	**30**
31	32	33	34	35	36	37	38	39	40

20만큼 거꾸로,
6만큼 거꾸로!!

⬆ 10씩 작아져요.
⬅ 1씩 작아져요.

➡ **30 − 26 = 4**

개념 익히기

정답 25쪽

빼는 수를 몇십과 몇으로 가르기 해 보세요.

1

74 − 19

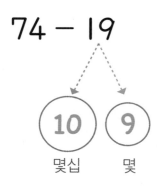

2

35 − 23

3

51 − 36

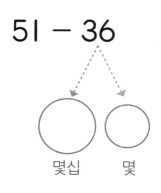

수 배열표를 이용하여 계산해 보세요.

> 몇십만큼 위로,
> 몇만큼 왼쪽으로 이동!

1 32 − 18 = 14

11	12	13	14	15	16	17	18	19	20
21	22	23	24	25	26	27	28	29	30
31	32	33	34	35	36	37	38	39	40

2 40 − 27 =

11	12	13	14	15	16	17	18	19	20
21	22	23	24	25	26	27	28	29	30
31	32	33	34	35	36	37	38	39	40
41	42	43	44	45	46	47	48	49	50

3 74 − 25 =

41	42	43	44	45	46	47	48	49	50
51	52	53	54	55	56	57	58	59	60
61	62	63	64	65	66	67	68	69	70
71	72	73	74	75	76	77	78	79	80

4 65 − 29 =

31	32	33	34	35	36	37	38	39	40
41	42	43	44	45	46	47	48	49	50
51	52	53	54	55	56	57	58	59	60
61	62	63	64	65	66	67	68	69	70

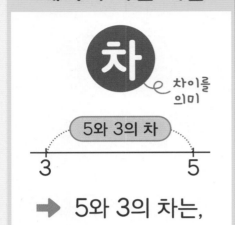

빼기의 다른 이름

차
차이를
의미

5와 3의 차

3   5

➡ 5와 3의 차는,

$$5 - 3 = 2$$

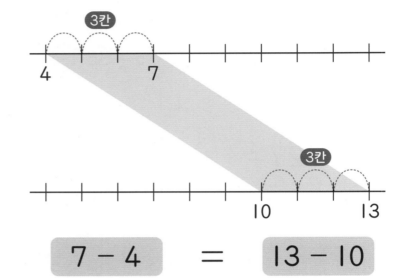

차? 떨어진 정도!

차가 같다는 건, 떨어진 정도가 같다는 뜻이야~

3칸

4   7

3칸

10   13

$$7 - 4 \qquad = \qquad 13 - 10$$

개념 익히기

빈칸을 알맞게 채우세요.

1

7과 5의 차

➡ $7 - 5$

2

19와 8의 차

➡ ☐ − ☐

3

26과 13의 차

➡ ☐ − ☐

똑같이 이동 해서 빼기

30 – 16

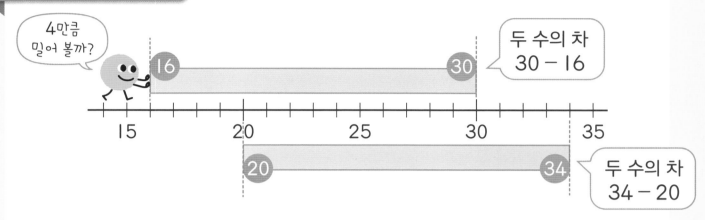

4만큼 밀어 볼까?

두 수의 차 30 – 16

두 수의 차 34 – 20

똑같이 이동했으니까, 두 수의 차는 변하지 않아!

➡ 30 – 1̰6̰ = 34 – 2̰0̰ = 14

*16을 빼는 것보다 20을 빼는 게 더 간단하지!

개념 익히기

정답 25쪽

그림을 보고 차가 같도록 빈칸을 알맞게 채우세요.

1

8 10   20 22

20 – 8

2만큼 밀기   2만큼 밀기

= 22 – 10

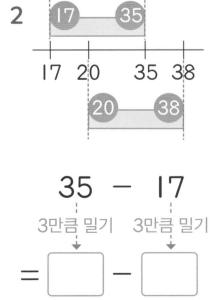

2

17 20   35 38

35 – 17

3만큼 밀기   3만큼 밀기

= □ – □

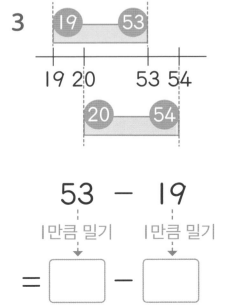

3

19 20   53 54

53 – 19

1만큼 밀기   1만큼 밀기

= □ – □

개념 다지기

정답 26쪽

주어진 뺄셈식과 차가 같은 식을 만들려고 합니다.
빈칸에 알맞은 수를 쓰세요.

앞의 수와 뒤의 수를 똑같이
이동시키면 차는 변하지 않아~

1

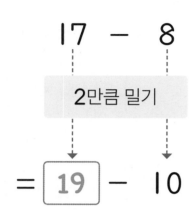

17 − 8

2만큼 밀기

= 19 − 10

2

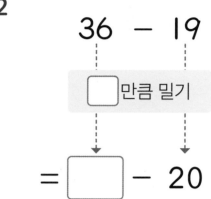

36 − 19

☐만큼 밀기

= ☐ − 20

3

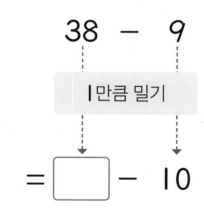

38 − 9

1만큼 밀기

= ☐ − 10

4

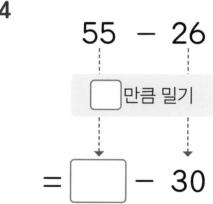

55 − 26

☐만큼 밀기

= ☐ − 30

5

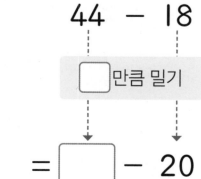

44 − 18

☐만큼 밀기

= ☐ − 20

6

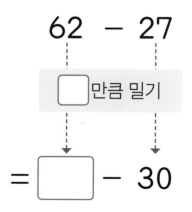

62 − 27

☐만큼 밀기

= ☐ − 30

차가 같은 뺄셈식을 만들어 계산해 보세요.

뒤의 수를 몇십으로 만들어서 계산해 봐!

1

$72 - 5$

$= \boxed{77} - 10$

$= \boxed{67}$

2

$40 - 27$

$= \boxed{} - 30$

$= \boxed{}$

3

$56 - 18$

$= \boxed{} - 20$

$= \boxed{}$

4

$66 - 39$

$= \boxed{} - 40$

$= \boxed{}$

5

$83 - 28$

$= \boxed{} - \boxed{}$

$= \boxed{}$

6

$96 - 49$

$= \boxed{} - \boxed{}$

$= \boxed{}$

개념 쏙쏙 수 모형으로 빼기

일의 자리끼리 뺄 수 없을 때는?

십 모형을
일 모형으로
바꿔서 빼기!

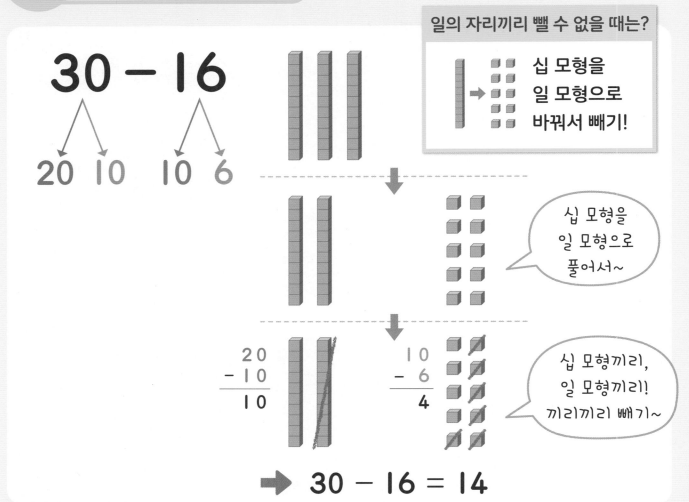

$$30 - 16$$

20 10   10 6

십 모형을
일 모형으로
풀어서~

$$\begin{array}{r} 20 \\ -\,10 \\ \hline 10 \end{array} \qquad \begin{array}{r} 10 \\ -\,6 \\ \hline 4 \end{array}$$

십 모형끼리,
일 모형끼리!
끼리끼리 빼기~

➡ $30 - 16 = 14$

개념 익히기

정답 27쪽

십 모형 1개를 일 모형으로 바꾸었습니다. 빼는 수만큼 모형을 지우고 계산해 보세요.

1 32 − 6

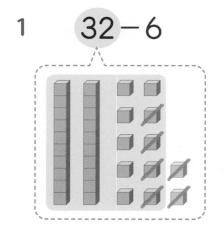

$32 - 6 = \boxed{26}$

2 21 − 5

$21 - 5 = \boxed{}$

3 23 − 9

$23 - 9 = \boxed{}$

그림을 보고 빈칸을 알맞게 채우세요.

수 모형을 잘 보고,
뺄셈식을 만들어 봐~

1

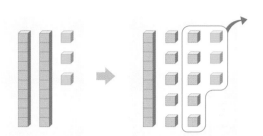

$$23 - 8 = \boxed{15}$$

2

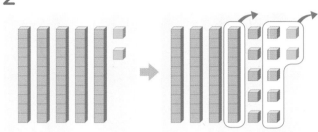

$$52 - 17 = \boxed{}$$

3

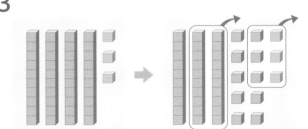

$$\boxed{} - \boxed{} = \boxed{}$$

4

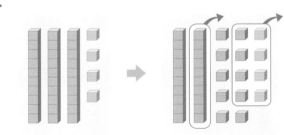

$$\boxed{} - \boxed{} = \boxed{}$$

5

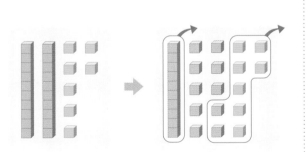

$$\boxed{} - \boxed{} = \boxed{}$$

6

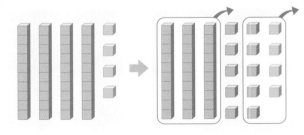

$$\boxed{} - \boxed{} = \boxed{}$$

같은 자리의 수끼리 뺄 수 없을 때
바로 윗자리에서 10을 가져와 계산하는 방법을 받아내림이라고 합니다.

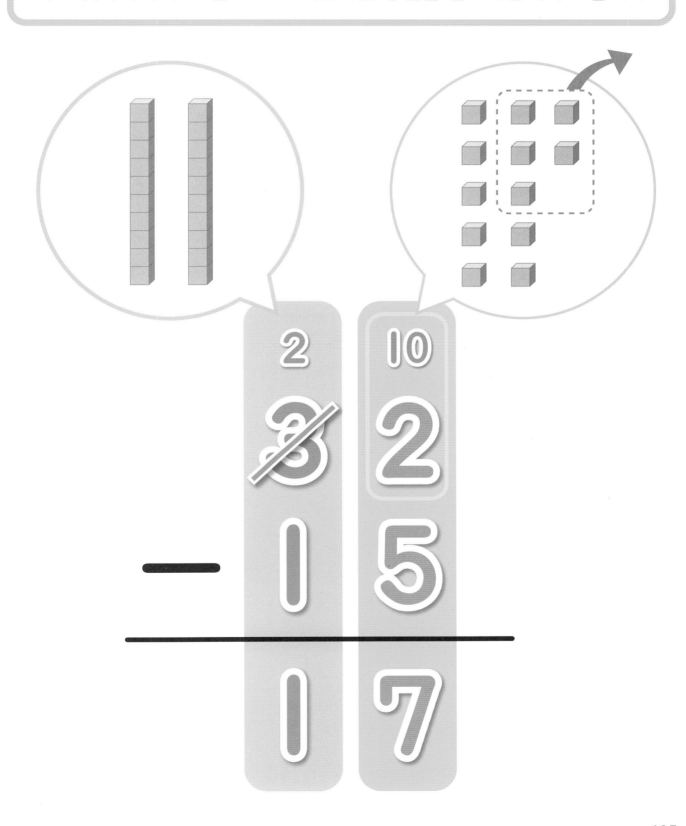

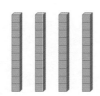

일의 자리로 10 내리기

★ **40 − 16 = ?** (세로셈으로 계산하면 실수를 줄일 수 있습니다.)

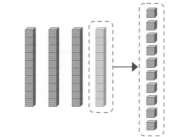
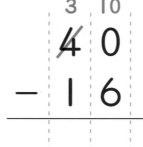
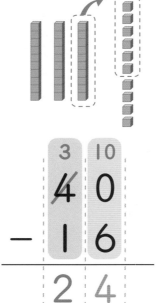

같은 자리끼리 맞추어 일의 자리부터 계산	▶	일의 자리끼리 뺄 수 없을 때 십의 자리에서 받아내림	▶	받아내림한 상태에서 같은 자리끼리 계산

개념 익히기

계산해 보세요.

1

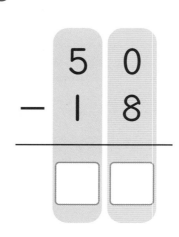

```
    5  10
    6̸  0
 −  2  9
 ─────────
    3  1
```

2

```
    4  0
 −  1  1
 ─────────
       
```

3

```
    5  0
 −  1  8
 ─────────
       
```

⭐ 32 − 17 = ?

뺄셈의 원칙

⭐1 **같은 자리끼리**
일의 자리부터 빼기

⭐2 **같은 자리끼리**
뺄 수 없으면
받아내림

세로셈으로
뺄셈을 할 때는
이 2가지만
기억해!

개념 익히기

정답 27쪽

계산해 보세요.

1

$$\begin{array}{r} \overset{6}{\cancel{7}}\overset{10}{2} \\ -\ 2\ 9 \\ \hline \boxed{4}\ \boxed{3} \end{array}$$

2

$$\begin{array}{r} 5\ 1 \\ -\ 1\ 8 \\ \hline \boxed{}\ \boxed{} \end{array}$$

3

$$\begin{array}{r} 8\ 5 \\ -\ 2\ 7 \\ \hline \boxed{}\ \boxed{} \end{array}$$

개념 다지기

정답 28쪽

계산해 보세요.

일의 자리끼리 뺄 수 없으면, 받아내림!

1

```
    3  10
    4̶  3
 -  2  8
 ─────────
    1  5
```

2

```
    3  1
 -  1  3
 ─────────
```

3

```
    4  0
 -  2  9
 ─────────
```

4

```
    5  4
 -  3  7
 ─────────
```

5

```
    6  2
 -  2  6
 ─────────
```

6

```
    7  0
 -  1  5
 ─────────
```

7

```
    9  2
 -  4  3
 ─────────
```

8

```
    7  3
 -  2  5
 ─────────
```

9

```
    8  3
 -  3  7
 ─────────
```

뺄셈식을 사용하여 누가 얼마나 더 많이 가지고 있는지 구하세요.

누가 더 많이 갖고 있는지부터 쓰고, 계산하기!

1 준철이는 구슬을 36개, 영진이는 17개 가지고 있습니다.

→ 준철 이가 구슬을 19 개 더 많이 가지고 있습니다.

뺄셈식
$$\begin{array}{r} \overset{2\ \ 10}{\cancel{3}6} \\ -\ 17 \\ \hline 19 \end{array}$$

2 준철이는 딱지를 17장, 영진이는 41장 가지고 있습니다.

→ ☐ 이가 딱지를 ☐ 장 더 많이 가지고 있습니다.

뺄셈식

3 준철이는 카드를 56장, 영진이는 19장 가지고 있습니다.

→ ☐ 이가 카드를 ☐ 장 더 많이 가지고 있습니다.

뺄셈식

4 준철이는 사탕을 25개, 영진이는 64개 가지고 있습니다.

→ ☐ 이가 사탕을 ☐ 개 더 많이 가지고 있습니다.

뺄셈식

5 준철이는 엽서를 62장, 영진이는 36장 가지고 있습니다.

→ ☐ 이가 엽서를 ☐ 장 더 많이 가지고 있습니다.

뺄셈식

개념 **펼치기**

정답 28~29쪽

빈칸을 알맞게 채우세요.

> 일의 자리부터 차례로 생각하면
> 빈칸의 수를 찾을 수 있어!

1

$$
\begin{array}{r}
\overset{4}{\cancel{5}}\ \overset{10}{7} \\
-\ 2\ 9 \\
\hline
2\ 8 \\
\end{array}
$$

2

$$
\begin{array}{r}
9\ 0 \\
-\ 6\ \boxed{} \\
\hline
2\ 3 \\
\end{array}
$$

3

$$
\begin{array}{r}
4\ 6 \\
-\ \boxed{}\ 8 \\
\hline
1\ 8 \\
\end{array}
$$

4

$$
\begin{array}{r}
\boxed{}\ 3 \\
-\ 2\ 8 \\
\hline
5\ 5 \\
\end{array}
$$

5

$$
\begin{array}{r}
7\ 0 \\
-\ \boxed{}\ 2 \\
\hline
2\ 8 \\
\end{array}
$$

6

$$
\begin{array}{r}
\boxed{}\ 2 \\
-\ 4\ \boxed{} \\
\hline
4\ 7 \\
\end{array}
$$

개념 펼치기

식을 세우고 물음에 답하세요.

식을 세우고,
세로셈으로 계산하기!

1 수진이는 사탕을 35개 가지고 있습니다. 동생에게 19개를 주면 수진이에게 남는 사탕은 몇 개일까요?

식 _____ 35 – 19 = 16 _____   답 ___16___ 개

2 비둘기 30마리가 모여 있었는데 19마리가 날아갔습니다. 남아있는 비둘기는 모두 몇 마리일까요?

식 _____   답 _____ 마리

3 우찬이는 수학 문제집을 56쪽까지 풀었고 현아는 72쪽까지 풀었습니다. 현아는 우찬이보다 문제집을 몇 쪽 더 풀었을까요?

식 _____   답 _____ 쪽

4 진우는 로봇 스티커 41장, 자동차 스티커 44장을 가지고 있습니다. 형에게 로봇 스티커 27장을 주면 진우에게 남는 로봇 스티커는 몇 장일까요?

식 _____   답 _____ 장

5 집에서 학교에 가는 데 50분이 걸립니다. 집에서 출발한 지 28분이 지났다면 학교에 도착할 때까지 남은 시간은 몇 분일까요?

식 _____   답 _____ 분

올라갔다가, 내려가면?
더하고 빼기!

더하기와 빼기가 같이 나오면?

나온 순서대로 계산!

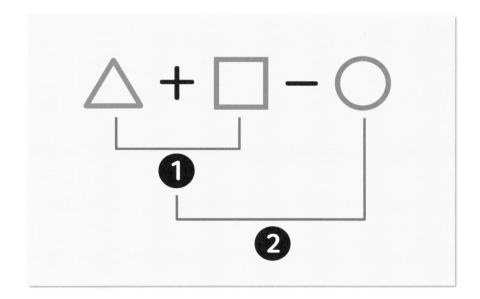

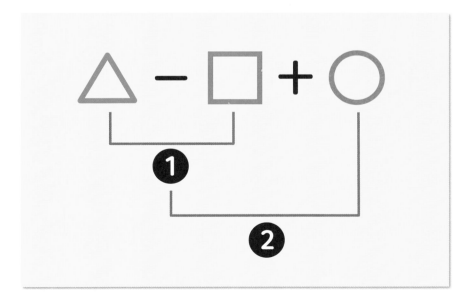

⭐ 덧셈과 뺄셈이 섞여있는 **세 수의 계산**은
앞에서부터 차례로 계산합니다.

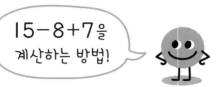

15ー8+7을
계산하는 방법!

가로셈

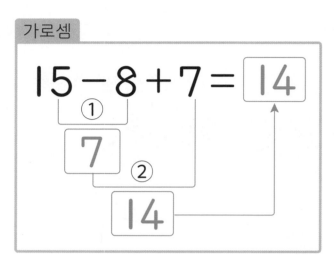

$$15 - 8 + 7 = \boxed{14}$$

① 7

② 14

세로셈

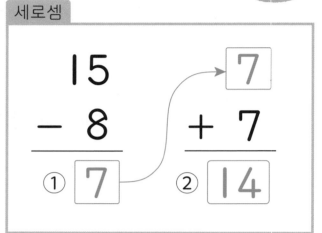

$$\begin{array}{r} 15 \\ -\ 8 \\ \hline \end{array}$$ ① $\boxed{7}$ → $\boxed{7}$

$$\begin{array}{r} +\ 7 \\ \hline \end{array}$$ ② $\boxed{14}$

개념 익히기

정답 30쪽

순서에 맞게 계산하여 빈칸을 알맞게 채우세요.

1 $22 - 18 + 36 = \boxed{40}$

① $\boxed{4}$

② $\boxed{40}$

2 $11 + 59 - 23 = \boxed{}$

① ☐

② ☐

3 $34 - 27 + 46 = \boxed{}$

$$\begin{array}{r} 34 \\ -\ 27 \\ \hline \end{array}$$ ① ☐ → ☐

$$\begin{array}{r} +\ 46 \\ \hline \end{array}$$ ② ☐

4 $46 + 15 - 39 = \boxed{}$

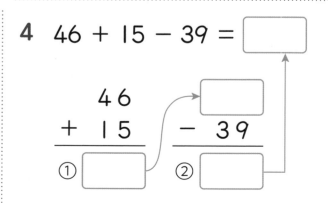

$$\begin{array}{r} 46 \\ +\ 15 \\ \hline \end{array}$$ ① ☐ → ☐

$$\begin{array}{r} -\ 39 \\ \hline \end{array}$$ ② ☐

개념 다지기

식을 세우고 물음에 답하세요.

앞에서부터 차례차례
계산하기!

1 바이킹을 타려고 **27**명이 줄을 서있습니다. **48**명이 더 와서 줄을 서고, **39**명이
바이킹에 탔습니다. 줄을 서있는 사람은 모두 몇 명일까요?

식 $27+48-39=36$ 답   36   명

2 국화 **56**송이가 피어있습니다. 그중에 **28**송이가 지고, **34**송이가 새로 피었습니다.
피어있는 국화는 모두 몇 송이일까요?

식   답   송이

3 승객 **19**명이 타고 있는 배에 **45**명이 더 타고, **16**명이 내렸습니다.
배에 타고 있는 승객은 모두 몇 명일까요?

식   답   명

4 유진이의 휴대폰에는 사진이 **91**장 저장되어 있습니다. 그중에 **55**장을 지우고, **49**장
을 새로 찍어서 저장했습니다. 유진이의 휴대폰에 저장되어 있는 사진은 모두 몇 장일
까요?

식   답   장

5 운동회에 학생 **71**명이 참여했습니다. **22**명은 축구를 하고, **18**명은 달리기를 하고,
남은 학생들은 응원을 하기로 했습니다. 응원을 하는 학생은 몇 명일까요?

식   답   명

개념 쏙쏙 덧셈식 ⇄ 뺄셈식

- 하나의 **덧셈식**은 두 개의 **뺄셈식**으로 나타낼 수 있습니다.

$$2 + 4 = 6$$

$$6 - 2 = 4$$
$$6 - 4 = 2$$

2	4
6	

- 하나의 **뺄셈식**은 두 개의 **덧셈식**으로 나타낼 수 있습니다.

$$4 - 3 = 1$$

$$3 + 1 = 4$$
$$1 + 3 = 4$$

4	
3	1

개념 익히기

정답 31쪽

그림을 보고 덧셈식은 뺄셈식으로, 뺄셈식은 덧셈식으로 바꾸어 쓰세요.

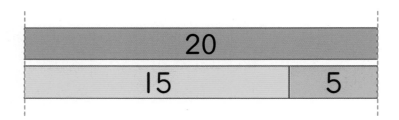

1

$$15 + 5 = 20$$

$$\boxed{20} - \boxed{15} = \boxed{5}$$
$$\boxed{} - \boxed{} = \boxed{}$$

2

$$20 - 15 = 5$$

$$\boxed{} + \boxed{} = \boxed{}$$
$$\boxed{} + \boxed{} = \boxed{}$$

개념 다지기

그림을 보고 빈칸을 알맞게 채우세요.

그림이 나타내는 게
무엇인지 생각해 봐~

1

25	16
41	

$$\boxed{25} + 16 = 41$$

$$41 - \boxed{16} = 25$$

2

29	13
42	

$$\boxed{} + 13 = 42$$

$$42 - \boxed{} = 29$$

3

68	
36	32

$$32 + \boxed{} = \boxed{}$$

$$\boxed{} - 36 = \boxed{}$$

4

46	45
91	

$$46 + \boxed{} = \boxed{}$$

$$\boxed{} - \boxed{} = 45$$

5

29	28
57	

$$\boxed{} + 29 = \boxed{}$$

$$\boxed{} - 28 = \boxed{}$$

개념 **다지기**

덧셈식을 두 개의 뺄셈식으로 바꾸세요.

> 덧셈식을 그림으로
> 생각해 봐~

1

$$44 + 29 = 73$$

$$73 - 44 = 29$$
$$73 - 29 = 44$$

2

$$27 + 5 = 32$$

$$\boxed{} - \boxed{} = \boxed{}$$
$$\boxed{} - \boxed{} = \boxed{}$$

3

$$16 + 18 = 34$$

$$\boxed{} - \boxed{} = \boxed{}$$
$$\boxed{} - \boxed{} = \boxed{}$$

4

$$17 + 34 = 51$$

$$\boxed{} - \boxed{} = \boxed{}$$
$$\boxed{} - \boxed{} = \boxed{}$$

5

$$25 + 28 = 53$$

$$\boxed{} - \boxed{} = \boxed{}$$
$$\boxed{} - \boxed{} = \boxed{}$$

6

$$21 + 44 = 65$$

$$\boxed{} - \boxed{} = \boxed{}$$
$$\boxed{} - \boxed{} = \boxed{}$$

주어진 수 카드 중에서 **3**장을 사용하여 알맞은 식을 만들어 보세요.

> 덧셈식을 만들 수 있는
> 세 수부터 먼저 찾기!

1

6	15	7	22

덧셈식 $15+7=22$

→ 뺄셈식 $22-7=15$

→ 뺄셈식   _____

2

8	19	9	27

덧셈식   _____

→ 뺄셈식   _____

→ 뺄셈식   _____

3

14	26	40	22

덧셈식   _____

→ 뺄셈식   _____

→ 뺄셈식   _____

4

16	77	25	41

덧셈식   _____

→ 뺄셈식   _____

→ 뺄셈식   _____

개념 쏙쏙 모르는 수를 구하는 방법

문제

어항에 물고기 19마리가 있습니다. 몇 마리 더 넣었더니 28마리가 되었습니다. **몇 마리 더 넣었을까요?**

28마리가 되었네.

[이렇게 생각해 보세요.]

1 모르는 수가 있는 부분을 찾기!

➡ 19마리에 몇 마리를 더했더니 28마리가 되었습니다.

2 **모르는 수를** □로 써서 식을 만들기!

➡ 19 + □ = 28

3 덧셈식과 뺄셈식의 관계로 □ 구하기!

➡ 19 + □ = 28

➡ □ = 28 − 19 = 9

답 9마리

개념 익히기

정답 32쪽

□를 사용하여 그림에 알맞은 덧셈식을 만들어 보세요.

1

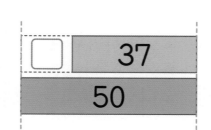

| □ | 9 |
| 18 | |

➡ □ + 9 = 18

(또는 9 + □ = 18)

2

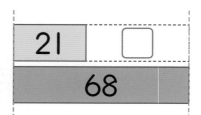

| □ | 37 |
| 50 | |

➡

3

| 21 | □ |
| 68 | |

➡

그림을 보고 빈칸에 알맞은 수를 쓰세요.

그림을 보면서 ☐에 들어갈 수를 생각해 봐~

1

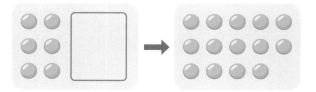

➡ $6 + \boxed{8} = 14$

2

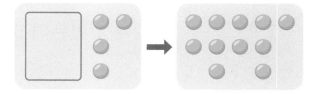

➡ $\boxed{} + 4 = 11$

3

➡ $\boxed{} + 5 = 11$

4

➡ $3 + \boxed{} = 12$

5

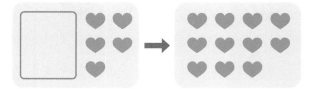

| 9 | 10 | 11 | 12 | 13 | 14 | 15 |

➡ $9 + \boxed{} = 15$

6

| 25 | 26 | 27 | 28 | 29 | 30 | 31 | 32 |

➡ $25 + \boxed{} = 32$

모르는 수를 구하는 방법 (2)

문제▶ 블루베리가 **12개** 있었는데 **몇** 개를 먹었더니 **9개**가 남았습니다.
먹은 블루베리는 몇 개일까요?

모르는 수가 있는
부분 찾기 ▶ **12개 있었는데 몇 개를 먹었더니 9개가 남았다.**

모르는 수를 □로
써서 식 만들기 ▶ $12 - \square = 9$

그림을 그려서
만든 뺄셈식에서
□의 값 구하기 ▶

12	
□	9

$12 - \square = 9$
→$12 - 9 = \square$
　　$\square = 3$　답▶ **3개**

개념 익히기

□를 사용하여 그림에 알맞은 뺄셈식을 만들어 보세요.

1

➡ $19 - \square = 7$
(또는 $19 - 7 = \square$)

2

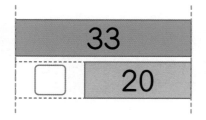

➡

3

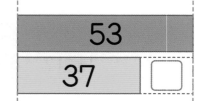

➡

근데, 모르는 수가 맨 앞에 있으면 어떡하지?

$$\square - 3 = 4$$

□가 어디에 있든지 그림을 그리면~

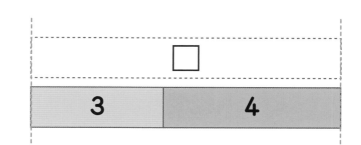

□의 값을 구할 수 있지!

$$3 + 4 = \square$$

$$7 = \square$$

답 ▶ 7

개념 익히기

정답 33쪽

주어진 식을 보고 알맞은 그림을 찾아 선으로 이으세요.

1

$$\square - 9 = 4$$

2

$$9 - \square = 4$$

3

$$\square - 9 = 5$$

개념 다지기

그림을 보고 빈칸에 알맞은 수를 쓰세요.

그림을 보면서 ☐에 들어갈 수를 생각해 봐~

1

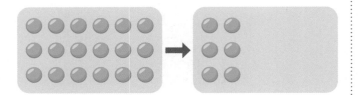

➡ $18 - \boxed{12} = 6$

2

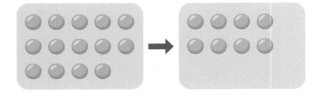

➡ $14 - \boxed{} = 8$

3

➡ $12 - \boxed{} = 3$

4

➡ $15 - \boxed{} = 8$

5

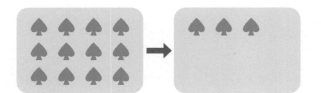

16	17	18	19	20	21	22	23

➡ $23 - \boxed{} = 16$

6

55	56	57	58	59	60	61

➡ $61 - \boxed{} = 55$

그림을 보고 알맞은 식을 세우고, □의 값을 구하세요.

그림을 보고 식을 세운 뒤,
□를 구할 수 있는 식으로 만들어 봐~

1

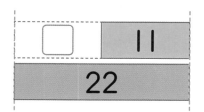

덧셈식
$$\square + 11 = 22$$
(또는 $11 + \square = 22$)

□의 값 11

2

| □ | 25 |
| 36 | |

덧셈식 _____

□의 값 _____

3

| 78 | |
| □ | 38 |

뺄셈식 _____

□의 값 _____

4

| 47 | |
| □ | 22 |

뺄셈식 _____

□의 값 _____

5

| □ | |
| 31 | 24 |

뺄셈식 _____

□의 값 _____

□를 구하는 식으로 바꾸고, □의 값을 구하세요.

덧셈식은 뺄셈식으로,
뺄셈식은 덧셈식으로 바꿀 수 있어~

1 $24 + \square = 53$

식 $\square = 53 - 24$

□의 값 29

2 $\square + 16 = 41$

식   _____

□의 값   _____

3 $\square - 35 = 25$

식   _____

□의 값   _____

4 $\square - 29 = 43$

식   _____

□의 값   _____

5 $81 - \square = 32$

식   _____

□의 값   _____

알맞은 식을 세우고, 물음에 답하세요.

문제의 상황을
이해하면서 읽기!

1 종이컵 55개가 있었는데 몇 개를 사용했더니 31개가 남았습니다. 사용한 종이컵의
수를 ☐로 하여 **뺄셈식**을 만들고, ☐의 값을 구하세요.

식 $55 - ☐ = 31$ ☐의 값 24

2 사과 24개와 배 몇 개를 샀더니 구매한 과일이 모두 52개였습니다. 구매한 배의 개
수를 ☐로 하여 **덧셈식**을 만들고, ☐의 값을 구하세요.

식 _____   ☐의 값 _____

3 영양제를 몇 알 먹었더니 12알 남았습니다. 처음에 영양제가 60알 있었다면 먹은
영양제의 수를 ☐로 하여 **뺄셈식**을 만들고, ☐의 값을 구하세요.

식 _____   ☐의 값 _____

4 사탕을 사서 친구에게 38개 나눠줬더니 43개가 남았습니다. 구매한 사탕의 수를 ☐
로 하여 **뺄셈식**을 만들고, ☐의 값을 구하세요.

식 _____   ☐의 값 _____

5 70층 높이의 건물을 꼭대기까지 올라가려고 합니다. 26층까지 올라갔을 때 남은
층수를 ☐로 하여 **덧셈식**을 만들고, ☐의 값을 구하세요.

식 _____   ☐의 값 _____

개념 마무리

1 수 모형을 보고 덧셈을 하세요.

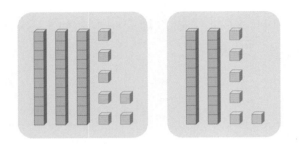

37 + 26 = ⬚

2 빈칸을 알맞게 채우세요.

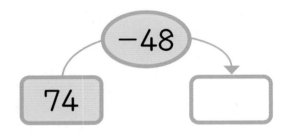

3 빈칸을 채우며 계산하세요.

```
  ⬚ ⬚
    5 2
 −  3 4
 ───────
  ⬚ ⬚
```

4 계산해 보세요.

(1)
```
    28
 +  63
 ─────
```

(2)
```
    47
 +  16
 ─────
```

5 두 수의 합과 차를 빈칸에 쓰세요.

62	53
합	
차	

6 선으로 연결된 두 수의 합을 빈칸에 쓰세요.

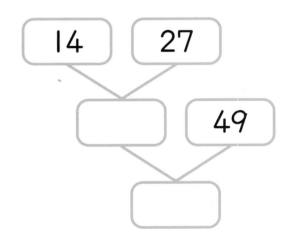

7 오렌지 16개가 있었는데 친구들에게 몇 개를 나누어 주었더니 9개가 남았습니다. 그림을 보고 빈칸에 알맞은 수를 쓰세요.

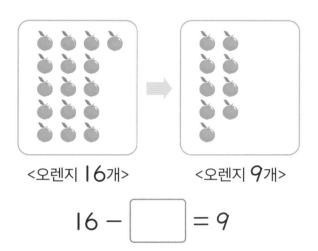

<오렌지 16개> <오렌지 9개>

$$16 - \boxed{} = 9$$

8 덧셈식을 뺄셈식으로 바꾸세요.

$$56 + 8 = 64$$

$$\boxed{} - \boxed{} = \boxed{}$$

$$\boxed{} - \boxed{} = \boxed{}$$

9 빈칸을 알맞게 채우세요.

$$\boxed{32} \rightarrow (+9) \rightarrow (-15) \rightarrow \boxed{}$$

10 세 수를 사용하여 빈칸을 알맞게 채우세요.

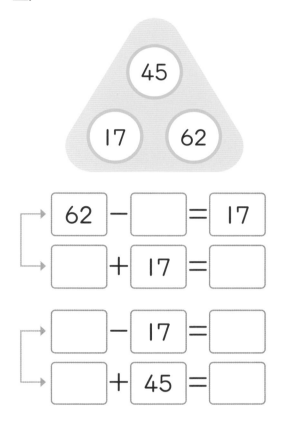

$$62 - \boxed{} = 17$$

$$\boxed{} + 17 = \boxed{}$$

$$\boxed{} - 17 = \boxed{}$$

$$\boxed{} + 45 = \boxed{}$$

11 그림을 보고 물음에 답하세요.

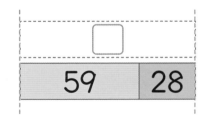

(1) 위의 그림을 뺄셈식으로 쓰세요.

뺄셈식 _____

(2) $\boxed{}$ 에 알맞은 수를 구하세요.

(   )

12 주어진 식의 계산 결과가 87보다 클 때, 빈칸에 들어갈 수 있는 수에 모두 ○표 하세요.

$$57 + \boxed{}$$

| 19 | 33 | 42 | 13 |

13 관계있는 것끼리 선으로 이으세요.

17+36 •   • 70

85−37 •   • 53

42−15+43 •   • 48

14 계산해 보세요.

(1)
```
   7 1
 - 5 4
───────
```

(2)
```
   6 5
 - 3 8
───────
```

15 수 카드를 2장씩 골라서, 차가 59가 되는 식 2개를 만드세요.

| 19 | 23 | 78 | 82 |

$$\boxed{} - \boxed{} = 59$$

$$\boxed{} - \boxed{} = 59$$

16 은수네 학교 2학년은 여학생이 54명, 남학생이 65명입니다. 은수네 학교 2학년 학생은 모두 몇 명일까요?

식 _____

답 _____명

17 진성이는 딸기를 28개 땄고, 미정이는 딸기를 42개 땄습니다. 누가 딸기를 몇 개 더 많이 땄는지 구하는 식과 답을 쓰세요.

식 _____

답 _____이가 _____개 더 많이 땄습니다.

18 신발 **30**켤레 중에서 낡은 신발 몇 켤레를 버렸더니, **23**켤레가 남았습니다. 버린 신발 수를 □로 하여 뺄셈식을 세우고, 버린 신발이 모두 몇 켤레인지 구하세요.

식 _____

답 _____ 켤레

19 서술형
뺄셈식에서 잘못된 곳을 찾아 그 이유를 설명하고, 바르게 고치세요.

바른 계산

$$\begin{array}{r} 4\,4 \\ -\ 1\,8 \\ \hline 3\,6 \end{array}$$

틀린 이유 _____

_____

_____

20 서술형
주어진 수 중에서 세 수를 이용하여 계산 결과가 가장 큰 세 수의 계산식을 만들려고 합니다. □ 안에 알맞은 수를 써넣고 계산 과정과 답을 쓰세요.

16   22   12   27

식 □ + □ − □

답 _____

풀이

참 잘했어요!

상상력 키우기

 마법의 수를 알고 있나요?

< **마법의 뺄셈** >

① 마음속으로 두 자리 수 중 하나를 생각하세요.
(단, 십의 자리 숫자와 일의 자리 숫자는 같으면 안 돼요.)

② 생각한 수의 십의 자리 숫자와 일의 자리 숫자를 맞바꾸세요.

> 예) 여러분이 생각한 수가 25라면, 52예요.

③ 여러분이 처음 생각했던 수와 ② 번에서 나온 수의 차를 구하세요.

> 예) 여러분이 생각한 수가 25라면,
> 52와 25의 차를 구하면 돼요.

④ 차가 두 자리 수라면 십의 자리 숫자와 일의 자리 숫자를 더하세요. 차가 한 자리 수라면 더 계산하지 않아도 돼요.

> 예) 차가 42였다면, 4+2=6이 돼요.

⑤ 결과는 **9**가 나왔죠?

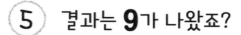

4 길이 재기

★ 직접 맞대어 비교할 수 없으면?

누구 키가 더 큰지는
맞대어보면 알지!

내가 더
크지롱~

우리 집 TV   친구 집 TV

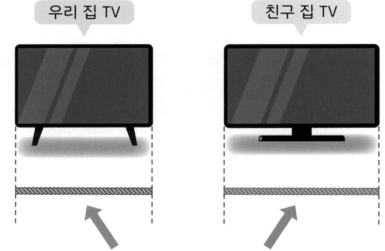

TV와 같은 길이의 끈!

한쪽 끝을
맞추어
비교하기

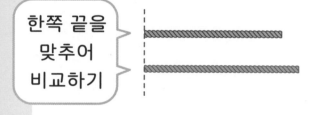

파란 끈의 길이가 더 기니까
친구 집 TV의 길이가 더 긴 거네~

개념 **익히기**

정답 37쪽

㉠과 ㉡의 길이를 각각 종이띠로 재었습니다. 알맞은 말에 ◯표 하세요.

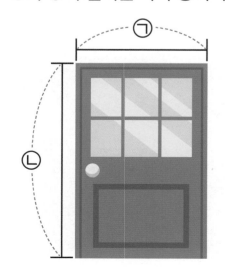

㉠

㉡

㉠의 길이가 ㉡의 길이보다 더 (깁니다 , 짧습니다).

㉡의 길이가 ㉠의 길이보다 더 (깁니다 , 짧습니다).

㉮와 ㉯의 길이를 비교하려고 합니다. 붙임딱지 이용
물음에 답하세요.

그림의 길이에 맞춰
종이띠를 자르고, 종이띠끼리
한쪽 끝을 맞춰서 비교하는 거야~

1

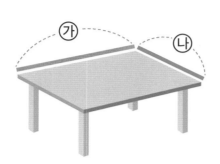

(1) ㉮와 ㉯의 길이를 직접 맞대어 비교할 수
(있습니다 , ⟨없습니다⟩).

(2) 붙임딱지의 종이띠를 이용하여 길이를
비교하고, 더 긴 쪽에 ◯표 하세요.

⟨㉮⟩ | ㉮ |
㉯ | ㉯ |

2

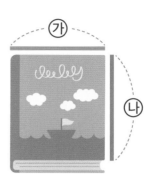

(1) ㉮와 ㉯의 길이를 직접 맞대어 비교할 수
(있습니다 , 없습니다).

(2) 붙임딱지의 종이띠를 이용하여 길이를
비교하고, 더 긴 쪽에 ◯표 하세요.

㉮ | |
㉯ | |

3

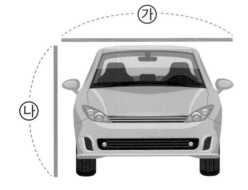

(1) ㉮와 ㉯의 길이를 직접 맞대어 비교할 수
(있습니다 , 없습니다).

(2) 붙임딱지의 종이띠를 이용하여 길이를
비교하고, 더 긴 쪽에 ◯표 하세요.

㉮ | |
㉯ | |

4

(1) ㉮와 ㉯의 길이를 직접 맞대어 비교할 수
(있습니다 , 없습니다).

(2) 붙임딱지의 종이띠를 이용하여 길이를
비교하고, 더 긴 쪽에 ◯표 하세요.

㉮ | |
㉯ | |

2. 여러 가지 단위로 길이 재기

⭐ 어떤 길이를 재는 데 기준이 되는 길이를 **단위길이**라고 합니다.

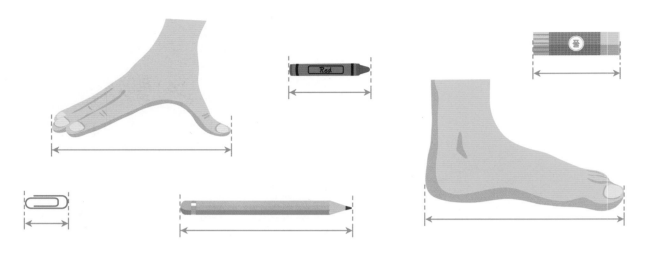

사용하는 단위에 따라 횟수가 다릅니다.
짧은 단위로 잴수록 여러 번 잽니다.

개념 **익히기**

정답 38쪽

여러 가지 단위로 책상의 긴 쪽의 길이를 재었습니다. 표를 완성하고, 괄호에서 알맞은 말에 ◯표 하세요.

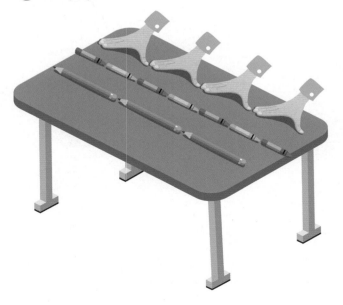

단위	잰 횟수
뼘	**4**번쯤
크레파스	번쯤
연필	번쯤

➡ 사용하는 단위에 따라
잰 횟수가 (같습니다 , 다릅니다).

빈칸을 알맞게 채우세요.

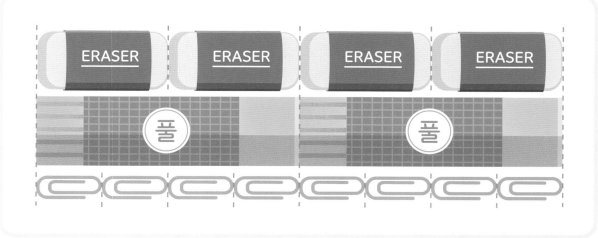

1 **풀**로 수첩의 짧은 쪽의 길이를 재어 보니 I번이었습니다.

　클립으로 수첩의 짧은 쪽의 길이를 재어 보면 | 4 | 번입니다.

2 **지우개**로 머리핀의 길이를 재어 보니 2번이었습니다.

　풀로 머리핀의 길이를 재어 보면 | | 번입니다.

3 **지우개**로 필통의 긴 쪽의 길이를 재어 보니 4번이었습니다.

　클립으로 필통의 긴 쪽의 길이를 재어 보면 | | 번입니다.

4 **풀**로 국자의 길이를 재어 보니 2번이었습니다.

　지우개로 국자의 길이를 재어 보면 | | 번입니다.

5 **클립**으로 엽서의 긴 쪽의 길이를 재어 보니 6번이었습니다.

　지우개로 엽서의 긴 쪽의 길이를 재어 보면 | | 번입니다.

개념 펼치기

정답 38쪽

아래 그림은 승근이와 혜영이의 손의 크기를 비교한 것입니다. 같은 물건의 길이를 두 친구의 뼘으로 각각 재었을 때, 뼘의 횟수가 더 많은 친구는 누구일까요?

두 친구의 손의 크기가 다르네.
누구 손이 더 큰지 확인해 봐.

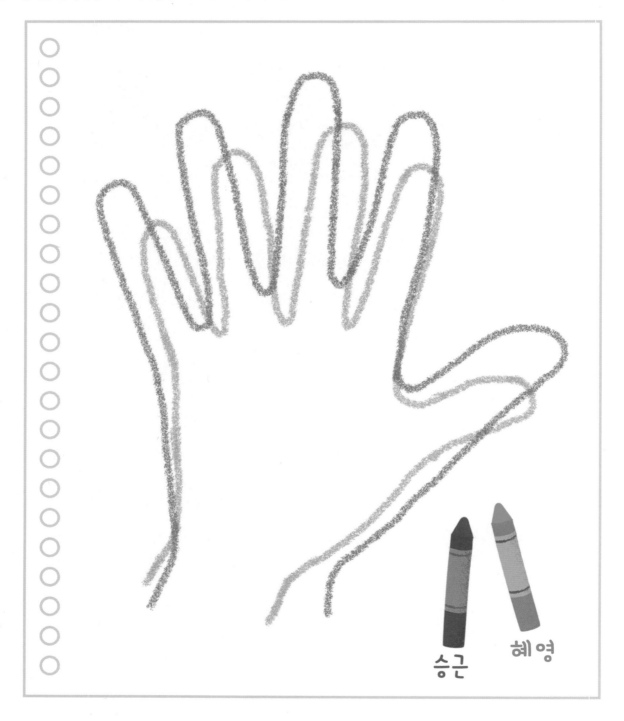

답 _____

같은 것의 길이를 다른 단위로 재고 있습니다. 물음에 답하세요.

짧은 것으로 재면
횟수가 여러 번 나오는 거지!

1 **가장 긴 단위**로 잰 사람은 누구일까요?·················(**연희**)

[민기] 책가방은 내 뼘으로 3번쯤이야.

[연희] 책가방은 수학책의 짧은 쪽으로 2번쯤이야.

[진수] 책가방은 내 연필로 4번쯤이야.

2 뼘의 길이가 **가장 긴 사람**은 누구일까요?··············( )

[민기] 책상의 긴 쪽은 내 뼘으로 5번쯤이야.

[연희] 책상의 긴 쪽은 내 뼘으로 6번쯤이야.

[진수] 책상의 긴 쪽은 내 뼘으로 4번쯤이야.

3 한 걸음의 길이가 **가장 짧은 사람**은 누구일까요?········( )

[민기] 교실의 앞문에서 뒷문까지 16걸음이야.

[연희] 교실의 앞문에서 뒷문까지 19걸음이야.

[진수] 교실의 앞문에서 뒷문까지 17걸음이야.

4 **가장 짧은 연필**로 잰 사람은 누구일까요?··············( )

[민기] 스케치북의 긴 쪽은 내 연필로 6번이야.

[연희] 스케치북의 긴 쪽은 내 연필로 3번이야.

[진수] 스케치북의 긴 쪽은 내 연필로 4번이야.

5 **가장 긴 우산**으로 잰 사람은 누구일까요?··············( )

[민기] 창문의 긴 쪽은 내 우산으로 2번이야.

[연희] 창문의 긴 쪽은 내 우산으로 4번이야.

[진수] 창문의 긴 쪽은 내 우산으로 5번이야.

개념 쏙쏙 | cm? | 센티미터!

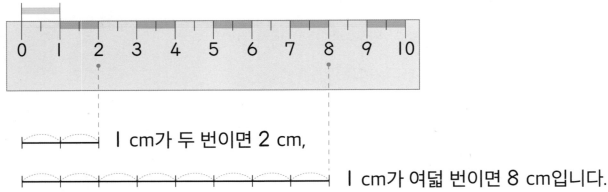

├──┤의 길이를 **1 cm** 라 쓰고 1 센티미터라고 읽습니다.

| cm가 두 번이면 2 cm,

| cm가 여덟 번이면 8 cm입니다.

| cm가 △번 ➡ △ cm

개념 익히기

정답 39쪽

1 옳은 것에 ◯표 하세요.

├──┤의 길이를
┌ | cm (◯)라 쓰고 ┌ | 센티 ( ) 라고 읽습니다.
├ | CM( ) ├ | 센티미터( )
└ | Cm( ) └ | 센치 ( )

2 | cm를 바르게 3번 쓰세요.

길이에 맞게 빈칸을 채우거나 길이를 그려 보세요.
또 그 길이를 쓰고 읽어 보세요.

1 cm가 △번이면 △ cm

1

1 cm가 3 번   쓰기 3 cm   읽기 3 센티미터

2

1 cm가 ☐ 번   쓰기   읽기

3

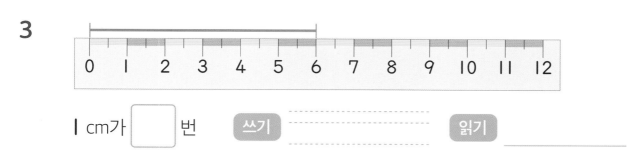

1 cm가 ☐ 번   쓰기   읽기

4

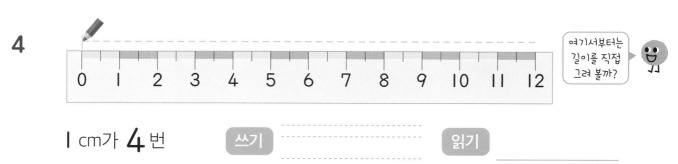

여기서부터는 길이를 직접 그려 볼까?

1 cm가 **4** 번   쓰기   읽기

5

1 cm가 **7** 번   쓰기   읽기

개념 쏙쏙 **| cm의 횟수가 물건의 길이**

자를 이용해 길이 재는 방법

1 물건의 한쪽 끝을 자의 한 눈금에 맞춥니다.
(물건을 비스듬히 하지 않고, 자와 나란히 둡니다.)

2 그 눈금에서 다른 끝까지 | cm가 몇 번 들어가는지 셉니다.

3 | cm가 들어간 횟수가 그 물건의 길이입니다.

> 0에서 7까지
> | cm가 7번이므로
> 연필은 7 cm!

> 2에서 9까지
> | cm가 7번이므로
> 연필은 7 cm!

개념 **익히기**

정답 39쪽

길이를 바르게 잰 것에 ◯표 하세요.

1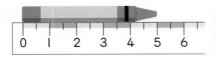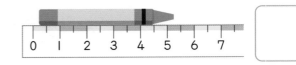

2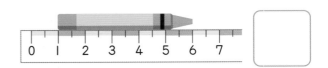

3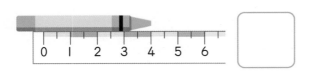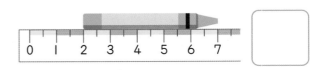

길이를 쓰세요. (단, 눈금자가 없는 그림은 자로 직접 재어 보세요.)

I cm가 몇 번 들어 있는지 세면 돼.

1

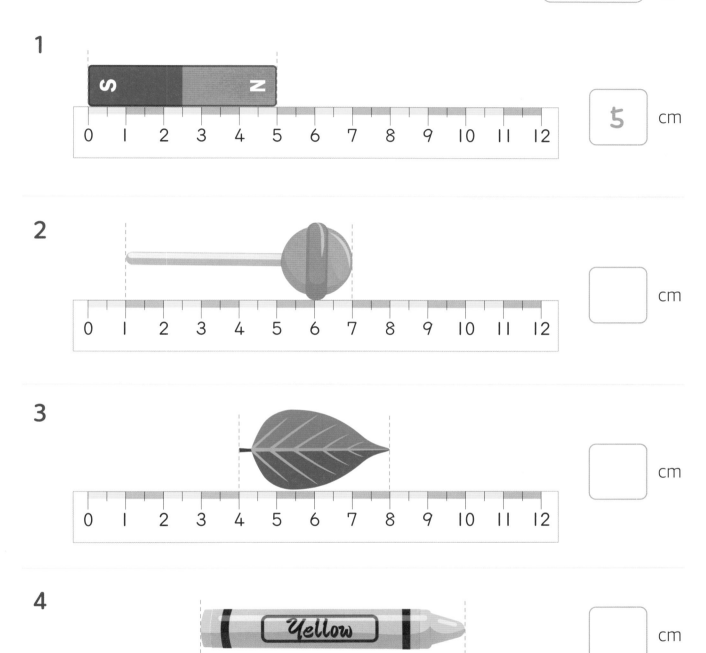

5 cm

2

cm

3

cm

4

cm

5

cm

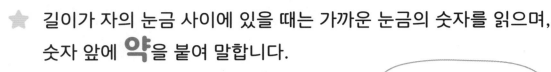

개념 쏙쏙 **약? 대략** 이라는 뜻

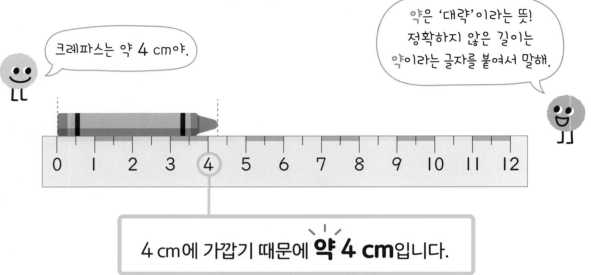

⭐ 길이가 자의 눈금 사이에 있을 때는 가까운 눈금의 숫자를 읽으며, 숫자 앞에 **약**을 붙여 말합니다.

크레파스는 약 4 cm야.

약은 '대략'이라는 뜻! 정확하지 않은 길이는 약이라는 글자를 붙여서 말해.

4 cm에 가깝기 때문에 **약 4 cm**입니다.

개념 **익히기**

정답 40쪽

빈칸을 알맞게 채우세요.

1

클로버의 한쪽 끝은 0에 있고 다른 끝은 **6** cm 눈금에 가깝습니다. 따라서 클로버의 길이는 약 **6** cm입니다.

2

강아지풀의 한쪽 끝은 0에 있고 다른 끝은 ☐ cm 눈금에 가깝습니다. 따라서 강아지풀의 길이는 약 ☐ cm입니다.

3

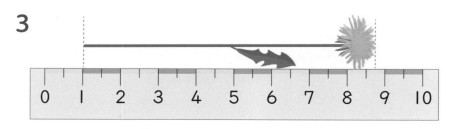

민들레의 한쪽 끝은 1에 있고 다른 끝은 ☐ cm 눈금에 가깝습니다. 따라서 민들레의 길이는 약 ☐ cm입니다.

개념 **다지기**

막대 과자의 길이를 쓰세요.
(단, 눈금자가 없는 그림은 자로 직접 재어 보세요.)

길이가 정확하지 않으면, '**약**'이라고 쓰고,
가까운 눈금의 수를 읽어 주면 돼!

1

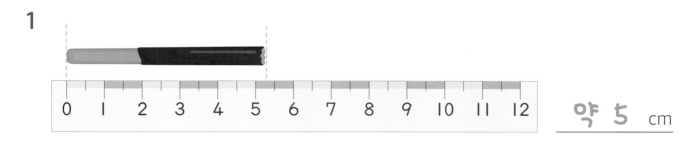

약 5 ㎝

2

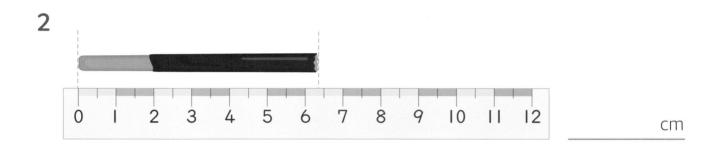

_____ ㎝

3

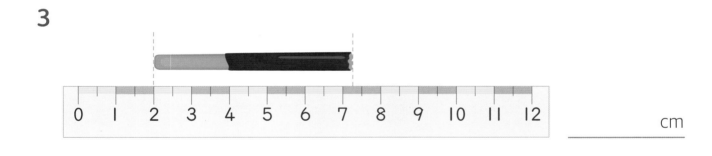

_____ ㎝

4

_____ ㎝

5

_____ ㎝

개념 쏙쏙 어림하는 것? 추측하는 것!

⭐ **길이 어림하기** ➡ 자를 사용하지 않고 길이를 추측하는 것을 뜻합니다.

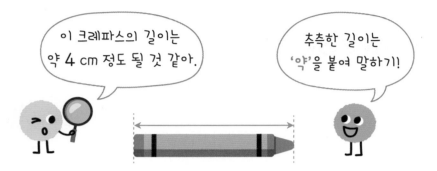

이 크레파스의 길이는 약 4 cm 정도 될 것 같아.

추측한 길이는 '약'을 붙여 말하기!

어림은 정확한 길이가 아니므로 숫자 앞에 **약**을 붙여 말합니다.

개념 익히기

정답 40쪽

빨대의 길이를 어림하고 자로 재어 확인하세요.

빨대	어림한 길이	자로 잰 길이
▨▨▨▨▨▨	약 **4** cm	약 **3** cm
▨▨▨▨▨▨▨▨▨▨▨▨	약　　 cm	약　　 cm
▨▨▨	약　　 cm	약　　 cm

정답 40쪽

관계있는 것끼리 선으로 이으세요.

새끼손가락 맨 위의
한 마디의 길이가 약 ┃ cm야.

1 약 ┃ cm

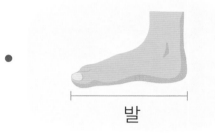

발

2 약 **3** cm

사탕

3 약 **10** cm

마우스

4 약 **23** cm

우산

5 약 **80** cm

어린이 엄지손가락

1 가위의 길이는 반창고로 몇 번쯤일까요?

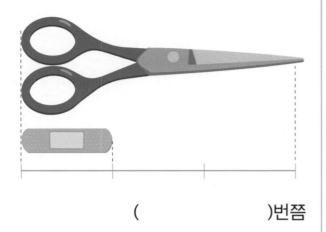

( )번쯤

[2-3] 자로 공깃돌의 길이를 쟀습니다. 물음에 답하세요.

2 공깃돌의 길이가 몇 cm인지 쓰세요.

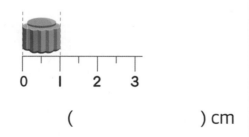

( ) cm

3 지우개의 길이를 공깃돌로 쟀더니, 6번이었습니다. 지우개의 길이는 몇 cm일까요?

( ) cm

4 머리핀의 길이를 자로 재고 있습니다. 바르게 잰 것을 찾아 기호를 쓰세요.

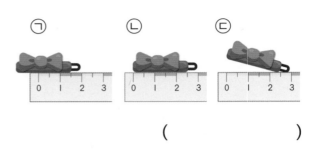

( )

[5-6] 식판, 요구르트 병, 방울토마토가 있습니다. 그림을 보고 물음에 답하세요.

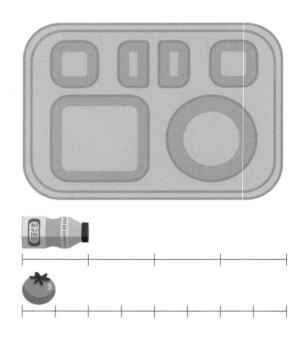

5 식판의 긴 쪽의 길이는 요구르트 병으로 몇 번일까요?

( )번

6 식판의 긴 쪽의 길이는 방울토마토로 몇 번일까요?

( )번

7 USB 메모리의 길이를 자로 쟀습니다. 바르게 말한 사람은 누구일까요?

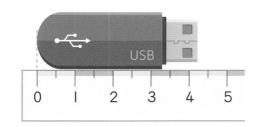

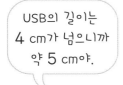

USB의 길이는 4 cm가 넘으니까 약 5 cm야.

USB의 길이는 4 cm에 더 가까우니까 약 4 cm야.

민수

세혁

(   )

8 서연이는 집에 있는 여러 가지 물건의 긴 쪽의 길이를 뼘으로 재었습니다. 이 중 길이가 가장 긴 물건은 무엇일까요?

TV	냉장고	침대	식탁
8뼘쯤	12뼘쯤	15뼘쯤	10뼘쯤

(   )

9 테이프의 길이가 몇 cm인지 자로 재어 보세요.

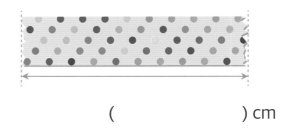

(   ) cm

10 실제 길이에 가장 가까운 것을 찾아 빈칸을 채우세요.

15 cm	7 cm	80 cm

(1) 휴대폰의 긴 쪽의 길이는

약 _____입니다.

(2) 크레파스의 길이는

약 _____입니다.

(3) 바지의 길이는

약 _____입니다.

11 농구장의 긴 쪽의 길이를 여러 사람의 걸음으로 재었습니다. 한 걸음의 길이가 가장 짧은 사람은 누구일까요?

종태	은하	원우
31걸음	27걸음	29걸음

(   )

12 열쇠의 길이는 몇 cm일까요?

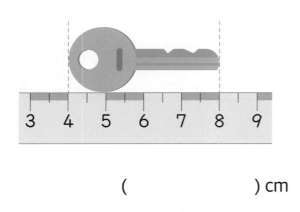

(   ) cm

13 가장 긴 리본을 가지고 있는 사람은 누구일까요?

내 리본은 14 cm야.

내 리본은 내 손으로 14뼘이야.

내 리본은 동전으로 14번이야.

예린   정한   미나

(   )

14 수정이는 선의 길이를 7 cm로 어림하였습니다. 어림한 길이와 실제 길이의 차는 몇 cm일까요?

차: (   ) cm

15 사각형의 변의 길이를 자로 재었을 때 4 cm인 변을 찾아 기호를 쓰세요.

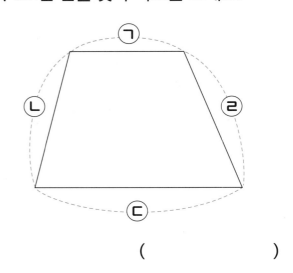

(   )

16 5 cm를 어림하여 밧줄을 잘랐습니다. 자로 재어 보고 5 cm에 가깝게 어림한 사람부터 차례대로 이름을 쓰세요.

지애

준형

승완

17 ㉠과 ㉡의 길이를 어림하고, 자로 재어 확인하세요.

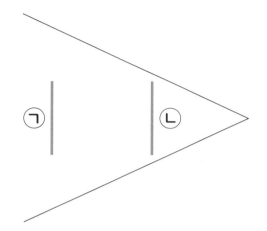

	㉠	㉡
어림한 길이	약 cm	약 cm
자로 잰 길이	cm	cm

18 네 변의 길이가 모두 1 cm인 사각형을 모아 큰 사각형을 만들었습니다. 가장 큰 사각형의 네 변의 길이의 합은 얼마일까요?

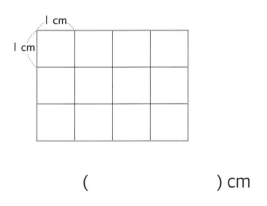

(   ) cm

📝서술형

19 세형이와 민정이는 테이프를 2뼘씩 잘랐습니다. 자른 테이프의 길이를 비교하였더니 길이가 달랐습니다. 테이프의 길이가 서로 다른 이유는 무엇일까요?

이유
_____
_____
_____
_____

📝서술형

20 그림과 같은 방법으로 빨대의 길이를 재려고 합니다. 길이를 재는 방법이 올바른지 아닌지 쓰고, 올바르지 않다면 그 이유를 설명해 보세요.

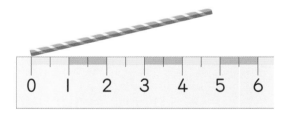

_____

이유
_____
_____

상상력 키우기

 여러분의 키만큼 물건을 쌓아 보세요.
어떤 물건을 몇 개나 쌓았나요?

 여러분이 친구보다 더 긴 것은 무엇인가요?

나는 다른 친구보다
머리카락이 더 길어요.

5 분류하기

개념 쏙쏙

분류의 기준은 정확해야 해~

- 잘못된 분류의 기준

편한 옷	불편한 옷

기준이
분명하지
않아!

- 알맞은 분류의 기준

파란 옷	빨간 옷

기준이
분명해!

개념 익히기

정답 42쪽

분류의 기준으로 알맞은 것에 ◯표, 알맞지 않은 것에 ✕표 하세요.

1 맛있는 것과 맛없는 것   (✕   )

2 좋아하는 것과 싫어하는 것   (   )

3 채소와 과일   (   )

알맞은 분류의 기준으로 갔을 때, 도착지에 있는 음식을 쓰세요.

> 주어진 물건을 정확하게
> 나눌 수 있어야 알맞은 기준이야~

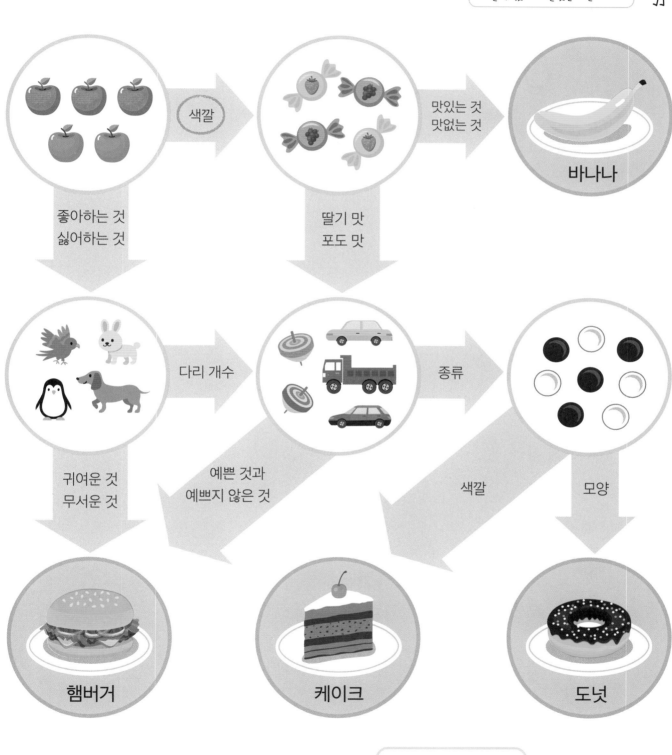

색깔

맛있는 것
맛없는 것

바나나

좋아하는 것
싫어하는 것

딸기 맛
포도 맛

다리 개수

종류

귀여운 것
무서운 것

예쁜 것과
예쁘지 않은 것

색깔

모양

햄버거

케이크

도넛

도착지에 있는 음식 ➡

개념 펼치기

정답 43쪽

분류의 기준으로 알맞은 것에 ◯표 하세요.

> 기준이 아무리 명확해도, 주어진 것들을
> 분류할 수 없으면 알맞은 기준이 아니야!

1

(   ) 모양
(◯) 다리의 개수

2

(   ) 지우개로 지워지는 것, 지워지지 않는 것
(   ) 길이

3

(   ) 모양
(   ) 색깔

4

(   ) 크기
(   ) 자석에 붙는 것, 붙지 않는 것

5

(   ) 색깔
(   ) 모양

알맞은 분류의 기준을 쓰세요.

 분류의 기준이 하나만 있는 것은 아니야~

1

색깔
(또는 모양이나 구멍의 개수)

2

3

4

5

개념 쏙쏙 기준이 달라지면 분류도 달라진다

기준을 정해서 분류해!

기준

색깔

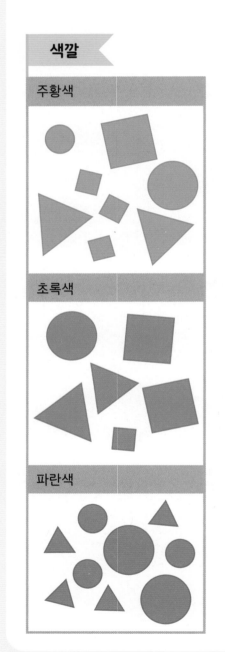

주황색

초록색

파란색

모양

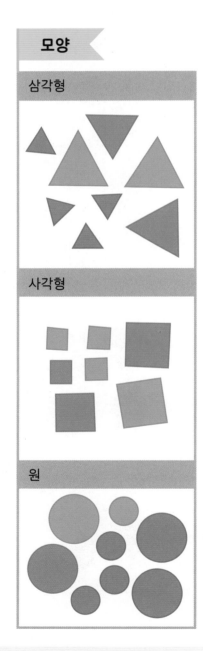

삼각형

사각형

원

크기

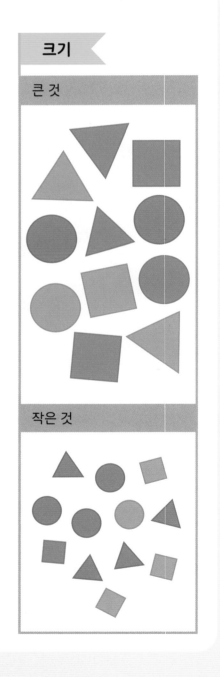

큰 것

작은 것

정답 43쪽

분류 기준을 쓰고, 붙임딱지를 빈칸에 알맞게 붙여 분류하세요. （붙임딱지 이용）

무엇이 분류의 기준이 될 수 있는지 잘 살펴야 해!

분류 기준

빨간색 꽃   꽃 색깔   노란색 꽃

꽃잎이 **5개**인 꽃   꽃잎이 **4개**인 꽃

잎이 **있는** 꽃   잎이 **없는** 꽃

개념 다지기

정답 44쪽

잘못 분류된 것을 찾아 바르게 옮기세요.

잘못 들어간 녀석들이 있네~
잘 찾아봐!

1

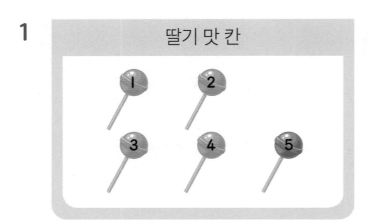

딸기 맛 칸

포도 맛 칸

- $\boxed{5}$ 번을 $\boxed{\text{포도 맛}}$ 칸으로 옮겨야 합니다.

2

곰 젤리 칸

과일 젤리 칸

- $\boxed{}$ 번을 $\boxed{}$ 칸으로 옮겨야 합니다.

3

과일 칸

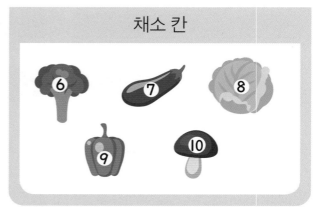

채소 칸

- $\boxed{}$ 번을 $\boxed{}$ 칸으로 옮겨야 합니다.

기준을 정하고, 책 붙임딱지를 바구니에 붙여 분류하세요.
(바구니 2개로 분류해도 되고, 3개로 분류해도 됩니다.) 붙임딱지 이용

여러 개의 분류 기준이 떠오르지?
그중에 하나를 정해서 분류하면 돼!

분류 기준

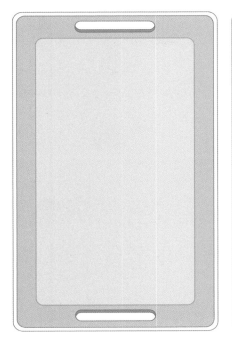

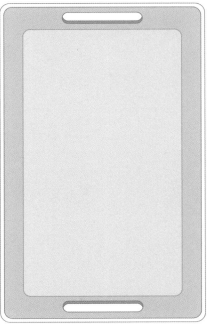

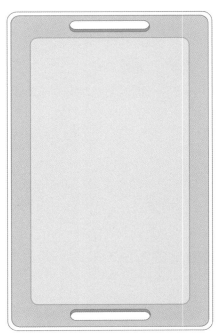

개념 쏙쏙 막대를 그으며 실수 없이 세기

그림을 하나씩 지우고 막대를 하나씩 그으면, 셀 때 실수를 줄일 수 있어요.

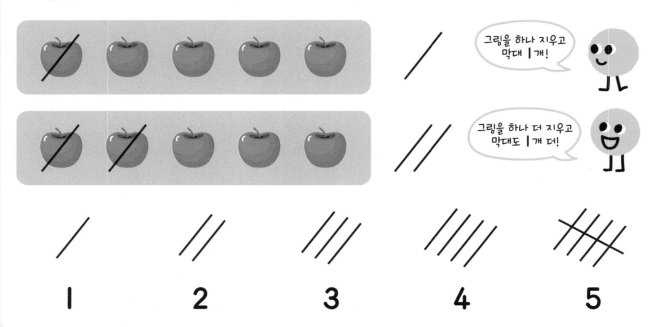

개념 익히기

정답 44쪽

기준에 따라 분류하고 세어 보세요.

분류 기준	종류

종류	🔸체스 말 ♟	卒 장기말 兵	⬜ 바둑알 ⚫
세면서 표시하기	〜 〜	〜 〜	〜 〜
개수	7		

보기 와 같이 기준을 정하여 분류하고 세어 보세요.

셀 때는 그림에도 표시를 해야
실수하지 않아~

1

보기	• 줄무늬가 있어요. ➡ 줄무늬가 있는 구슬: **9**개 ~~////~~ ////
기준 만들기	• 별 모양이 있어요. ➡ 별 모양이 있는 구슬: 10개 ~~////~~ ~~////~~

2

보기	• 크기가 커요. ➡ 크기가 큰 옷핀: **11**개 ~~////~~ ~~////~~ /
기준 만들기	•

3

보기	• 상처가 있어요. ➡ 상처가 있는 레몬: **3**개 ///
기준 만들기	•

⭐ 정해진 기준에 따라 분류하면 가장 많은 것과 가장 적은 것을 알 수 있어요.

종류	공	인형		자동차
세면서 표시하기	~~////~~ //	~~////~~ ~~////~~ ///		///
개수	7	13		3

가장 많은 것은 인형이니까, 정리할 때 가장 **큰 통**에 담아요.

가장 적은 것은 자동차니까, 정리할 때 가장 **작은 통**에 담아요.

키 초등학교에 있는 나무를 조사하였습니다. 물음에 답하세요.

> 셀 때는 그림에도 표시를 해야 실수하지 않아~

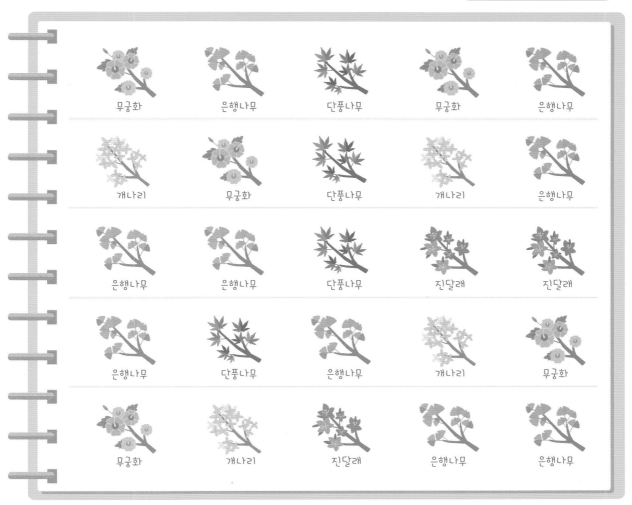

무궁화	은행나무	단풍나무	무궁화	은행나무
개나리	무궁화	단풍나무	개나리	은행나무
은행나무	은행나무	단풍나무	진달래	진달래
은행나무	단풍나무	은행나무	개나리	무궁화
무궁화	개나리	진달래	은행나무	은행나무

1 종류에 따라 분류하고 그 수를 세어 보세요.

종류	무궁화	은행나무	단풍나무	진달래	개나리
세면서 표시하기					
나무의 수(그루)	5				

2 키 초등학교에서 가장 많은 나무는 어떤 나무일까요? (　　　　　　　)

3 키 초등학교에서 가장 적은 나무는 어떤 나무일까요? (　　　　　　　)

체육관에 있는 공들을 모았습니다. 물음에 답하세요.

1 종류에 따라 분류하고, 그 수를 세어 보세요.

종류	축구공	농구공	배구공
세면서 표시하기	~~///// /////	///// /////	///// /////
공의 개수(개)	6		

2 가장 많은 공은 무엇일까요? ( )

3 가장 적은 공은 무엇일까요? ( )

4 체육관에서 공을 더 사려고 합니다. 어떤 공을 사면 좋을까요?

( )

그릇을 분류하여 수를 세어 보고 물음에 답하세요.

1 그림을 보고 표를 완성하세요.

종류	밥그릇	컵	접시
세면서 표시하기			
그릇의 수(개)	9		

2 가장 많은 그릇은 무엇일까요?　(　　　　　　　)

3 가장 적은 그릇은 무엇일까요?　(　　　　　　　)

4 한 명이 밥을 먹는 데 밥그릇, 컵, 접시가 각각 **1**개씩 필요합니다. **9**명이 같이 밥을 먹기 위해서 더 필요한 그릇은 각각 몇 개일까요?

밥그릇: ☐ 개, 컵: ☐ 개, 접시: ☐ 개

[1-3] 그림을 보고 물음에 답하세요.

1 분류 기준을 바르게 이야기한 친구는 누구일까요?

> 세호 : 예쁜 모자와 예쁘지 않은 모자
> 민지 : 기분 좋을 때 쓰는 모자와 우울할 때 쓰는 모자
> 나연 : 노란색, 파란색, 분홍색 모자

(   )

2 그림과 같이 분류했을 때, 알맞은 분류의 기준을 찾아 ◯표 하세요.

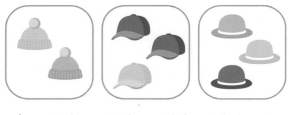

(모양 ,   크기 ,   색깔 ,   가격   )

3 그림과 같이 분류했을 때, 알맞은 분류의 기준을 찾아 ◯표 하세요.

(모양 ,   크기 ,   색깔 ,   가격   )

4 칠교판의 조각을 모양에 따라 분류하세요.

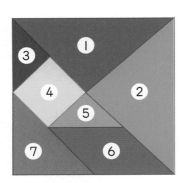

모양	삼각형	사각형
조각 번호		

5 유주와 세현이는 오목을 두고 있습니다. 지금까지 사용한 바둑알이 그림과 같을 때, 주어진 기준으로 분류하여 빈 칸을 알맞게 채우세요.

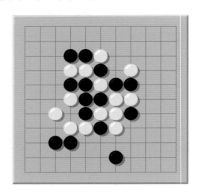

분류 기준

종류	흰 돌	검은 돌
세면서 표시하기		
바둑알 수(개)		

[6-8] 단추 그림을 보고 물음에 답하세요.

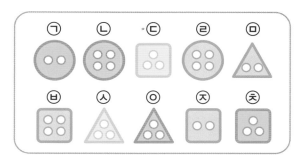

6 색깔에 따라 분류하세요.

색깔	기호

7 단춧구멍의 개수에 따라 분류하세요.

구멍의 수	기호

8 모양에 따라 분류하세요.

모양	기호

[9-10] 소풍의 간식을 투표로 정했습니다. 투표 결과가 다음과 같을 때, 물음에 답하세요.

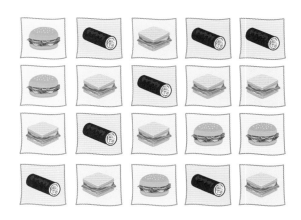

9 간식이 각각 몇 표씩 나왔는지 세어 보세요.

간식	세면서 표시하기	투표수(표)
햄버거		
김밥		
샌드위치		

10 투표수가 가장 많은 것을 간식으로 정한다면, 정해진 간식은 무엇일까요?

(   )

개념 마무리

[11-13] 어느 해 5월의 날씨를 알아보았습니다. 물음에 답하세요.

일	월	화	수	목	금	토
			1 ☀	2 ☀	3 ☁	4 ☀
5 ☁	6 ☀	7 ☁	8 ☁	9 🌧	10 ☁	11 🌧
12 ☀	13 ☀	14 ☁	15 🌧	16 🌧	17 🌧	18 ☀
19 ☀	20 ☁	21 ☁	22 ☀	23 ☀	24 ☀	25 ☀
26 🌧	27 ☁	28 ☁	29 ☀	30 ☁	31 🌧	

☀ : 맑음, ☁ : 흐림, 🌧 : 비

11 날씨에 따라 분류하고 그 수를 세어 보세요.

날씨	날수(일)

12 5월의 날씨 중 가장 많았던 날씨는 무엇일까요? ( )

13 바르게 설명한 사람은 누구일까요?

> 희주: 맑았던 날은 비가 왔던 날보다 4일 더 많아.
> 상민: 화요일에는 계속 흐리기만 했네.
> 소민: 비가 왔던 날이 흐렸던 날보다 더 많았어.

( )

14 수 카드를 분류할 수 있는 기준 세 가지를 쓰세요.

131 77 42 63

3 9 387 542

1. _____

2. _____

3. _____

15 주어진 기준에 따라 재활용품을 분류하여 알맞은 칸에 이름을 쓰세요.

통조림 신문지 페트병

연습장 샴푸통 콜라캔

분류 기준	종류

캔류	종이류	플라스틱류

16 낱말 카드를 다음과 같이 분류했습니다. 분류 기준은 무엇일까요?

◎ _____

[17-18] 민철이가 그림과 같이 옷을 분류했습니다. 물음에 답하세요.

17 옷을 분류한 기준은 무엇일까요?

◎ _____

18 정아는 민철이와 다른 기준으로 분류하려고 합니다. 어떤 기준으로 분류할 수 있을까요?

◎ _____

✏️서술형

19 책을 아래 기준으로 분류하려고 합니다. 분류 기준으로 알맞지 않은 이유를 쓰세요.

분류 기준　재미있는 책과 재미없는 책

이유 _____

_____

✏️서술형

20 과일 가게에서 어제 하루 동안 팔린 과일을 조사했습니다. 오늘은 어떤 과일을 많이 준비하면 좋을지 설명하세요.

종류	🍎	🍒	🍇	🍎	🍌
팔린 과일 수 (개)	11	9	15	48	19

많이 준비할 과일: _____

설명 _____

_____

 여러분이 가지고 있는 장난감을 어떤 기준으로
분류하고 싶은지 자유롭게 써 보세요.

 우리 반 친구들을 김씨, 박씨와 같은 성으로
분류해 보세요. 어떤 성이 가장 많고, 적나요?

6 곱셈

말풍선: 묶어 세기!

1. 여러 가지 방법으로 세기

세야 할 물건이
너~~무 많을 때

하나, 둘, 셋....
이걸 언제 다 세지...

알리바바와 40인의 도둑

알리바바는 도둑들의 동굴에서 엄청나게 많은 금화를 가져왔어. 그리고 형 집으로 가서, 동전을 빠르게 셀 수 있는 판을 빌리기로 했어. 욕심 많은 형은 알리바바가 왜 동전판을 빌려 가는지 궁금해졌지. 알리바바는 아주 가난했기 때문에 동전판을 사용할 정도로 많은 금화를 가져본 적이 없었거든. 형은 알리바바에게 동전판을 빌려주면서 판 밑에 몰래 풀칠을 해놓았어. 그것도 모르는 알리바바는 신나게 집으로 돌아와 금화를 동전판에 가득 붓고 세어 보기 시작했지.

이렇게,
많은 양의 물건을 셀 때는
하나씩 세는 것보다
여러 개씩 세는 게 좋아!

동전판에는 동전 크기만 한 작은 홈이 50개가 있어. 두 판에 동전이 가득 차면, 동전이 100개라는 걸 쉽게 알 수 있지. 알리바바는 열심히 동전판에 금화를 담아 세기 시작했어. 알리바바가 도둑들의 동굴에서 가져온 금화가 모두 몇 개였는지 알아? 동전판으로 4판 하고도, 23개의 금화가 남았어. 그런데 이를 어쩌지?

동전판 밑바닥에 그만 금화 하나가 붙었는데…

개념 쏙쏙 ★씩 세면 ★씩 커진다!

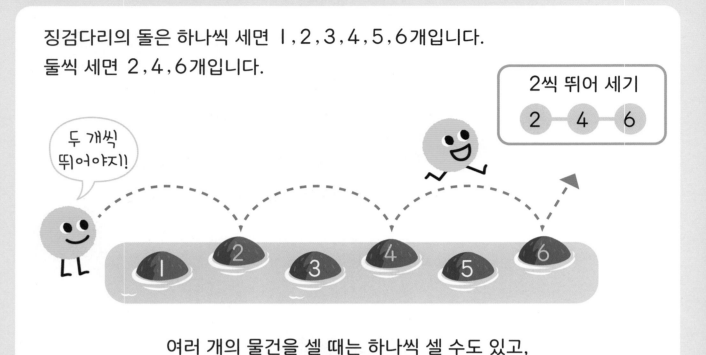

징검다리의 돌은 하나씩 세면 1, 2, 3, 4, 5, 6개입니다.
둘씩 세면 2, 4, 6개입니다.

두 개씩 뛰어야지!

2씩 뛰어 세기
2 — 4 — 6

여러 개의 물건을 셀 때는 하나씩 셀 수도 있고,
두 개씩, 세 개씩, 네 개씩... 뛰어서 셀 수도 있습니다.

개념 익히기

정답 47쪽

빈칸을 알맞게 채우세요.

1 한 개씩 세기 | 1 — 2 — 3 — ☐ — ☐ — ☐ — ☐ — ☐ — ☐ — ☐ — ☐ — ☐

2 두 개씩 세기 | 2 — ☐ — ☐ — ☐ — ☐ — ☐

3 세 개씩 세기 | 3 — ☐ — ☐ — ☐

개념 **다지기**

정답 47쪽

그림을 보고 뛰어 세기를 하세요.

> 몇씩 뛰어 세기를 해야 하는지 잘 봐.

1

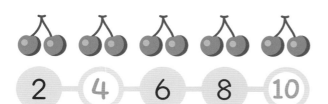

2 — 4 — 6 — 8 — 10

2 씩 뛰어 세기

2

10 — ◯ — 30 — ◯ — 50 — ◯

☐ 씩 뛰어 세기

3

8 — ◯ — ◯

☐ 씩 뛰어 세기

4

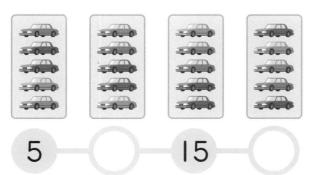

5 — ◯ — 15 — ◯

☐ 씩 뛰어 세기

5

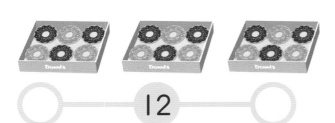

◯ — 12 — ◯

☐ 씩 뛰어 세기

2. 묶어 세기

묶어 세기: 하나씩 세는 것이 아니라,
한 번에 여러 개씩 세는 방법

3개씩 4묶음

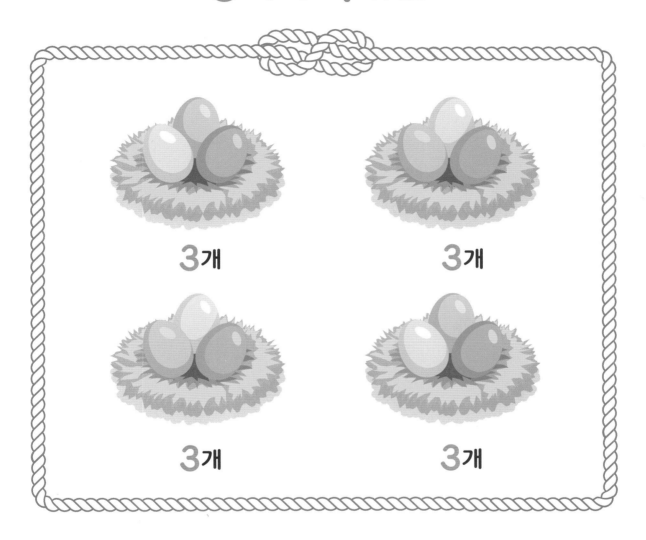

3개 3개

3개 3개

묶어 세기는 각 묶음의 크기가 똑같아야 해요!

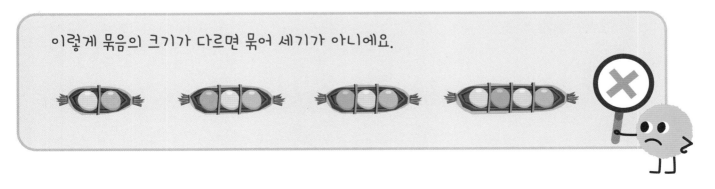

이렇게 묶음의 크기가 다르면 묶어 세기가 아니에요.

□개씩 △묶음

각 묶음 안의 물건의 개수는
반드시 같아야 합니다.

묶음의 개수도
꼭 써야 합니다.

3개 3개 3개 3개

3개씩 4묶음 ➡ 3 - 6 - 9 - 12

개념 익히기

정답 48쪽

그림을 보고 빈칸을 알맞게 채우세요.

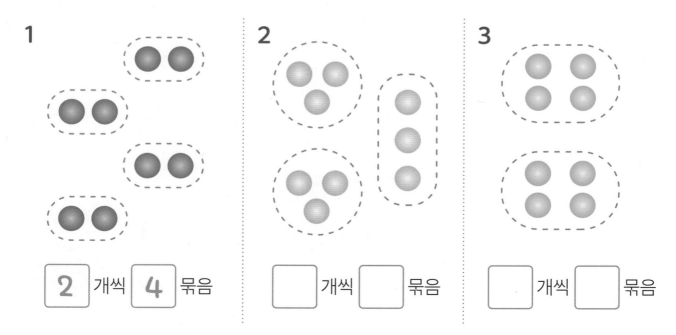

1

2 개씩 4 묶음

2

□ 개씩 □ 묶음

3

□ 개씩 □ 묶음

개념 **다지기**

정답 48쪽

빈칸을 알맞게 채우세요.

> 몇 개씩 몇 묶음!
> 이럴 때는 각 묶음에 있는 개수가
> 똑같아야 해!

1

  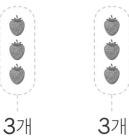 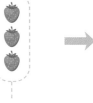

3개 | 3 |개   3개   3개

 3개씩 | 4 | 묶음

2

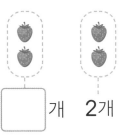 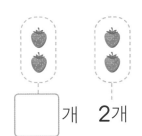 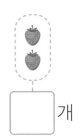

| | 개   2개 | | 개   2개 | | 개

→ 2개씩 | | 묶음

3

   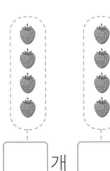

4개   4개   4개 | | 개 | | 개

→ | | 개씩 5묶음

4

5개 | | 개

 → | | 개씩 2묶음

5

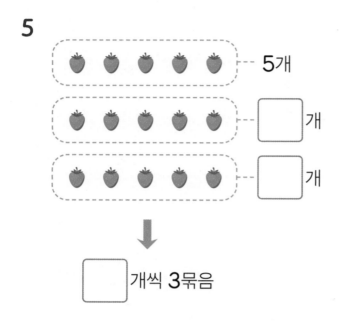

5개

⬜ 개

⬜ 개

⬜ 개씩 **3**묶음

6

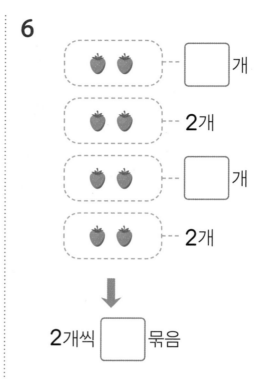

⬜ 개

2개

⬜ 개

2개

2개씩 ⬜ 묶음

7

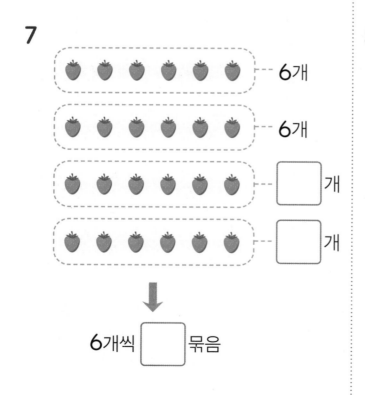

6개

6개

⬜ 개

⬜ 개

6개씩 ⬜ 묶음

8

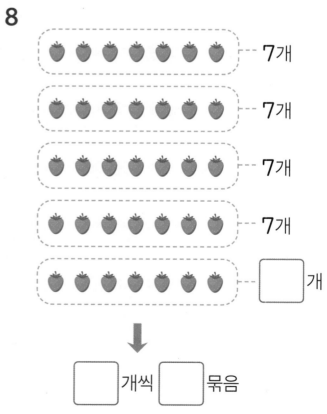

7개

7개

7개

7개

⬜ 개

⬜ 개씩 ⬜ 묶음

그림을 보고 빈칸에 알맞은 수를 쓰세요.

■씩 ▲묶음은
■씩 뛰어 세기!

1

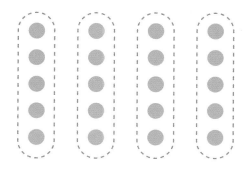

5 씩 ⟨4⟩ 묶음

→ 5 — 10 — 15 — 20

2

☐ 씩 ⟨△⟩ 묶음

 7 — ☐

3

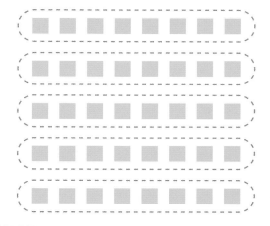

☐ 씩 ⟨△⟩ 묶음

 8 — ☐ — 24 — 32 — ☐

4

☐ 씩 ⟨△⟩ 묶음

 4 — ☐ — ☐ — 16 — 20 — ☐

5

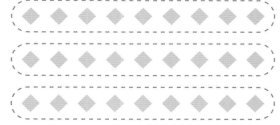

☐ 씩 ⟨△⟩ 묶음

 9 — ☐ — ☐

요술 항아리

부지런한 농부는 욕심쟁이 영감에게 산 땅에서 요술 항아리를 발견하게 되는데…

넣기만 하면 무엇이든지 2배가 되는 요술 항아리였어요.

요술 항아리 덕에 농부는 부자가 되었고, 그 소문을 들은 욕심쟁이 영감은

"나는 땅만 팔았지, 요술 항아리는 판 적이 없어! 그 항아리는 내 거야!"라며 우겼어요.

끝내 원님에게 재판을 받으러 갔더니 원님은

"이렇게 귀한 것은 나라의 것이다."

라며 항아리를 빼앗았는데, 그만 원님의 아버지가 항아리에 들어가 버렸어요.

어떻게 되었을까요? 원님 아버지는 2명… 4명… 8명… 16명 점점 많아졌고,

서로 자기가 진짜라며 싸우다가 쨍그랑~ 그만 항아리가 깨지고 말았어요.

항아리가 깨지자 그 많던 원님 아버지는 모두 사라지고

진짜 아버지 한 명만 남았대요.

이후 원님은 아버지를 지극정성으로 모시는 효자가 되었답니다.

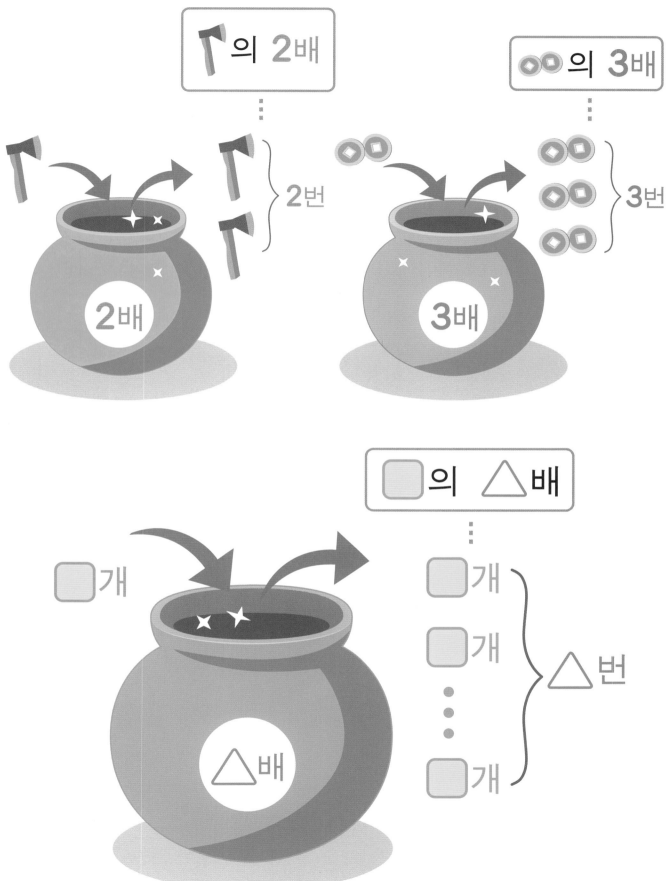

4개

4개

4개

☐4 씩 △3 묶음

⋮   ⋮

☐4 의 △3 배

개념 **익히기**

정답 49쪽

묶어서 센 것을 몇의 몇 배로 쓰세요.

1

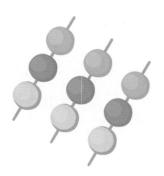

☐3 개씩 △3 묶음

☐3 의 △3 배

2

☐ 개씩 △ 묶음

☐ 의 △ 배

3

☐ 개씩 △ 묶음

☐ 의 △ 배

개념 다지기

빈칸을 알맞게 채우세요.

몇의 몇 배는
몇씩 몇 묶음으로
생각하면 돼!

1

→ 3 — 6 — 9 — 12

3씩 4묶음은 12 입니다.

3의 4 배는 12 입니다.

2

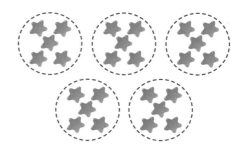

→ 5 — 10 — ☐ — ☐ — ☐

5씩 ☐ 묶음은 25입니다.

5의 ☐ 배는 25입니다.

3

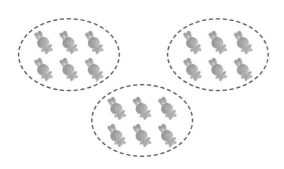

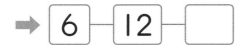
→ 6 — 12 — ☐

6씩 ☐ 묶음은 18입니다.

☐ 의 3배는 18입니다.

4

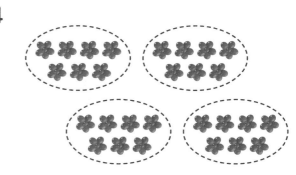

→ 7 — 14 — ☐ — ☐

7씩 ☐ 묶음은 28입니다.

☐ 의 ☐ 배는 ☐ 입니다.

개념 다지기

빈칸을 알맞게 채우세요.

몇의 몇 배를
묶음으로 생각해 봐!

1

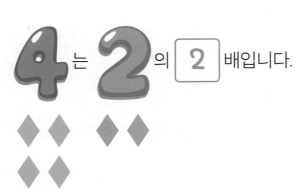

4는 2의 2 배입니다.

2

6은 3의 ☐ 배입니다.

3

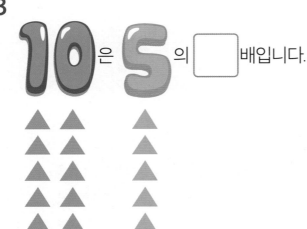

10은 5의 ☐ 배입니다.

4

6은 2의 ☐ 배입니다.

5

9는 3의 ☐ 배입니다.

6

8은 4의 ☐ 배입니다.

개념 **펼치기**

정답 49쪽

빈칸을 알맞게 채우고 물음에 답하세요.

무엇이 무엇의 몇 배인지
잘 봐야 해~

1

젤리: [6] 개

사탕: [3] 개

• 젤리 수는 사탕 수의 몇 배일까요? (2)배

2

장미: [ ] 송이

해바라기: [ ] 송이

• 장미 수는 해바라기 수의 몇 배일까요? (   )배

3

강아지: [ ] 마리

토끼: [ ] 마리

• 강아지 수는 토끼 수의 몇 배일까요? (   )배

4

주황색 블록: [ ] 개

초록색 블록: [ ] 개

• 주황색 블록 수는 초록색 블록 수의 몇 배일까요? (   )배

개념 **펼치기**

설명에 알맞게 색칠하고 빈칸에 알맞은 수를 쓰세요.

□의 △배는
□개씩 △묶음!

1 노란색 막대의 길이의 **3배**인 막대

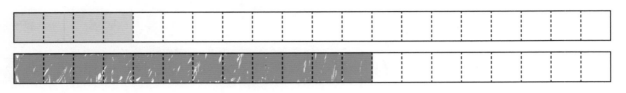

➡ 4의 3배는 [12]

2 파란색 막대의 길이의 **3배**인 막대

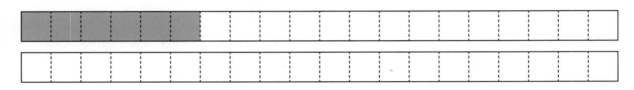

➡ 6의 3배는 [ ]

3 분홍색 막대의 길이의 **5배**인 막대

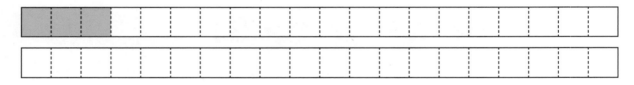

➡ [ ]의 5배는 [ ]

4 초록색 막대의 길이의 **2배**인 막대

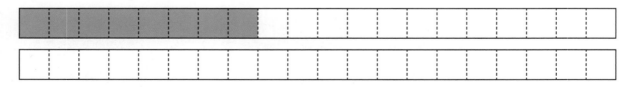

➡ [ ]의 2배는 [ ]

개념 **펼치기**

정답 50쪽

색 막대를 보고 빈칸을 알맞게 채우세요.

색 막대의 길이를 보고
몇 배가 될 수 있는지 생각해 봐~

1 파란색 막대의 길이는 노란색 막대의 길이의 2 배

2 갈색 막대의 길이는 주황색 막대의 길이의 ☐ 배

3 ☐ 막대의 길이는 노란색 막대의 길이의 **3**배

4 갈색 막대의 길이는 ☐ 막대의 길이의 **2**배

5 ☐ 막대의 길이는 ☐ 막대의 길이의 **6**배

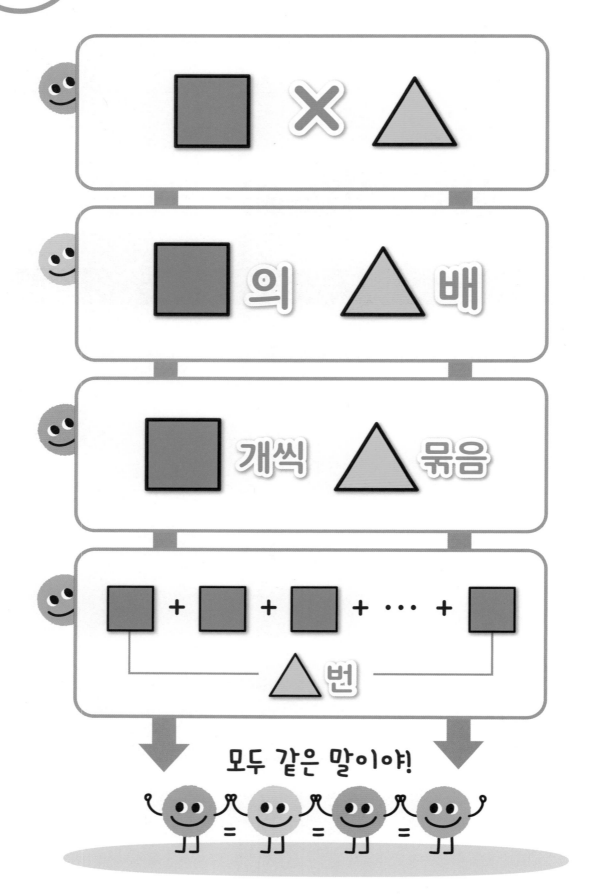

모두 같은 말이야!

이 곱하기 사 라고 읽어.

$$2 \times 4$$

=

2의 4배

=

2개씩 4묶음

=

2 + 2 + 2 + 2

4번

개념 쏙쏙

 $\square \times \triangle$ 는 $\square$ 의 $\triangle$ 배!

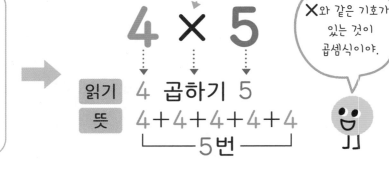

- 4씩 5묶음
- 4의 5배
- 4＋4＋4＋4＋4 ── 5번 ──

➡

읽기 　4 곱하기 5
뜻　　4＋4＋4＋4＋4 ── 5번 ──

╳와 같은 기호가 있는 것이 곱셈식이야.

$$4 \times 5 = 20$$

읽기
- 4 곱하기 5는 20과 같습니다.
- 4와 5의 곱은 20입니다.

개념 익히기

정답 50쪽

그림을 보고 물음에 답하세요.

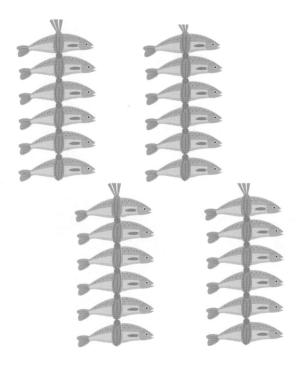

1 생선의 수를 묶음과 배를 이용하여 나타내세요.

$\boxed{6}$ 씩 $\boxed{4}$ 묶음, $\boxed{6}$ 의 $\boxed{4}$ 배

2 생선의 수를 덧셈식으로 쓰세요.

$\boxed{} + \boxed{} + \boxed{} + \boxed{} = \boxed{}$

3 생선의 수를 곱셈식으로 쓰세요.

$\boxed{} \times \boxed{} = \boxed{}$

개념 **다지기**

식을 읽어 보세요.

등호(=)는, "~와 같습니다"나
"~입니다"로 읽으면 돼~

1

| 7×5 | 읽기 ▶ | 7 곱하기 5 |

| 7×5=35 | 읽기 ▶ | 7 곱하기 5는 35와 같습니다.
(또는 7과 5의 곱은 35입니다.) |

2

| 8×9 | 읽기 ▶ |

| 8×9=72 | 읽기 ▶ |

3

| 6×4 | 읽기 ▶ |

| 6×4=24 | 읽기 ▶ |

4

| 2×5 | 읽기 ▶ |

| 2×5=10 | 읽기 ▶ |

5

| 4×7 | 읽기 ▶ |

| 4×7=28 | 읽기 ▶ |

개념 **다지기**

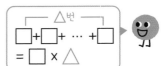

곱셈식은 덧셈식으로, 덧셈식은 곱셈식으로 바꾸세요.

1 $9 \times 3 = 27$

➡ _9+9+9=27_

2 $2+2+2+2+2+2=12$

6번

➡ _____

3 $6 \times 4 = 24$

➡ _____

4 $3+3+3+3+3=15$

5번

➡ _____

5 $8 \times 6 = 48$

➡ _____

6 $8+8+8+8=32$

4번

➡ _____

7 $4 \times 4 = 16$

➡ _____

8 $6+6+6+6+6=30$

5번

➡ _____

9 $7 \times 5 = 35$

➡ _____

10 $7+7+7+7+7+7+7=49$

7번

➡ _____

개념 **다지기**

뛰어 세기를 하며 수를 세어 보고, 빈칸을 알맞게 채우세요.

같은 수를 여러 번 더하는 것은
곱셈식으로 쓸 수 있어!

1

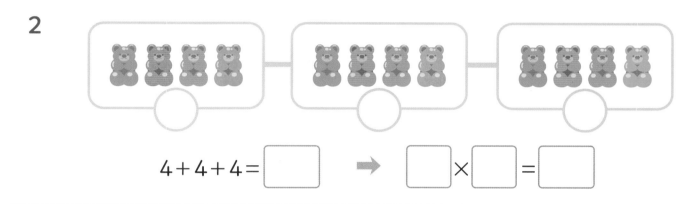

$3+3+3+3+3=$ 「15」 ➡ 「3」 × 「5」 = 「15」

2

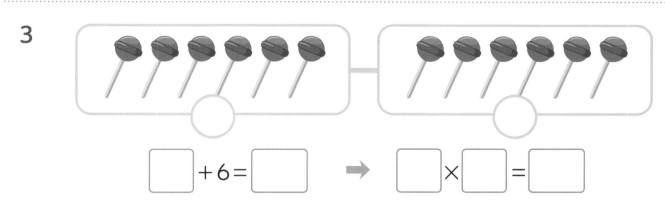

$4+4+4=$ 「」 ➡ 「」 × 「」 = 「」

3

$$\boxed{}+6=\boxed{} \quad \Rightarrow \quad \boxed{}\times\boxed{}=\boxed{}$$

4

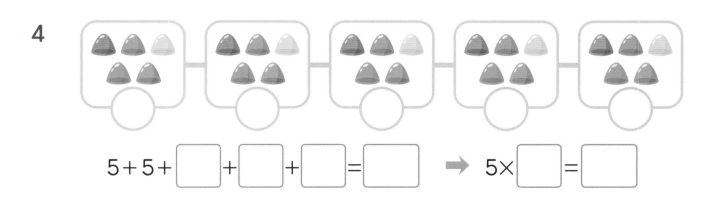

$5+5+\boxed{}+\boxed{}+\boxed{}=\boxed{} \quad \Rightarrow \quad 5\times\boxed{}=\boxed{}$

개념 펼치기

곱셈식과 어울리지 않는 것을 찾아 ✕표 하세요.

□ × △?
□ 곱하기 △, □의 △배,
□와 △의 곱, □를 △번 더한 것!

1 6×3

6의 3배   6+6+6   6과 3의 곱

6 곱하기 3   ~~6+3~~

2 4×5

4와 5의 합   4의 5배   4+4+4+4+4

4 곱하기 5   4와 5의 곱

3 3×8

3과 8의 곱   3 곱하기 8   3의 8배

3과 8   3+3+3+3+3+3+3+3

4 7×5

7의 5배   7+7+7+7   7과 5의 곱

7 곱하기 5   7+7+7+7+7

5 9×7

9의 7배   9와 7의 곱   9 빼기 7

9+9+9+9+9+9+9   9 곱하기 7

물음에 답하세요.

△배?
△를 곱하는 것!

1

어제 뽑은 무

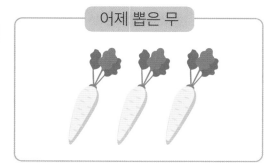

오늘은 어제 뽑은 무의 **3**배만큼 무를 뽑으려고 합니다. 오늘 뽑을 무는 몇 개일까요?

곱셈식 3×3=9

답 9 개

2

동수가 가진 장난감 자동차

지후는 동수가 가진 장난감의 **4**배만큼 장난감을 가지고 있습니다. 지후가 가진 장난감은 몇 개일까요?

곱셈식 _____

답 _____ 개

3

진아가 가진 풍선

은수는 진아가 가진 풍선 수의 **3**배만큼 풍선을 불었습니다. 은수가 분 풍선은 몇 개일까요?

곱셈식 _____

답 _____ 개

4

냉장고의 콜라

엄마가 냉장고에 있는 콜라의 **2**배만큼 사이다를 사왔습니다. 엄마가 사 온 사이다는 몇 병일까요?

곱셈식 _____

답 _____ 병

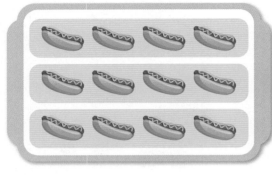

4개씩
3줄

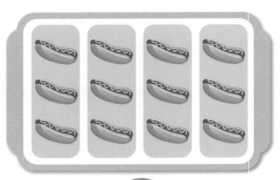

3개씩
4줄

4씩 3묶음

4의 3배

4+4+4=12

3번

$4 \times 3 = 12$

3씩 4묶음

3의 4배

3+3+3+3=12

4번

$3 \times 4 = 12$

따라서 $4 \times 3 = 3 \times 4$ 입니다.

개념 익히기

정답 52쪽

같은 의미가 되도록 빈칸을 알맞게 채우세요.

1

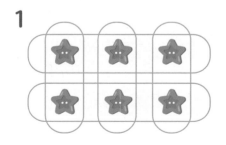

$3 \times 2 = 6$

$2 \times 3 = 6$

2

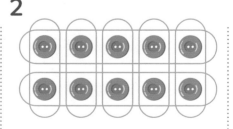

$\square \times \square = 10$

$\square \times \square = 10$

3

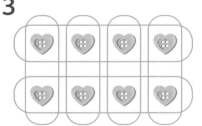

$\square \times \square = 8$

$\square \times \square = 8$

개념 **다지기**

정답 52쪽

그림을 가로와 세로로 묶어 보고, 알맞은 곱셈식을 쓰세요.

1

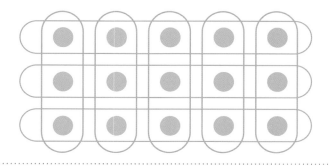

$$5 \times 3 = 15$$

$$3 \times 5 = 15$$

2

$$\boxed{} \times \boxed{} = 16$$

$$\boxed{} \times \boxed{} = 16$$

3

$$\boxed{} \times \boxed{} = 12$$

$$\boxed{} \times \boxed{} = 12$$

4

$$\boxed{} \times \boxed{} = 20$$

$$\boxed{} \times \boxed{} = 20$$

5

$$\boxed{} \times \boxed{} = 18$$

$$\boxed{} \times \boxed{} = 18$$

6

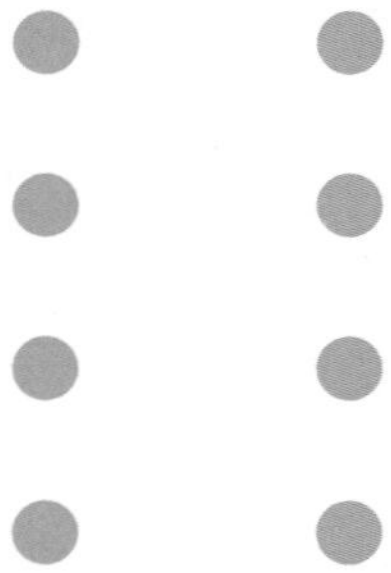

$\square \times \square = \square$

$\square \times \square = \square$

7

$\square \times \square = \square$

$\square \times \square = \square$

8

$\square \times \square = \square$

$\square \times \square = \square$

9

$\square \times \square = \square$

$\square \times \square = \square$

10

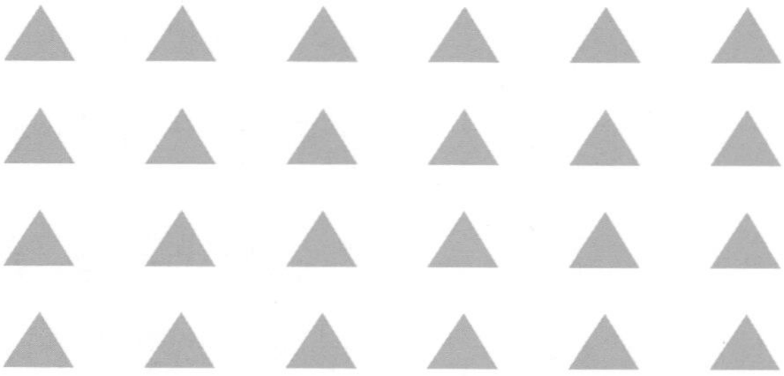

$\square \times \square = \square$

$\square \times \square = \square$

그림을 보고 빈칸을 알맞게 채우세요.

그림을 잘 보고
몇의 몇 배인지 써 봐!

1 세발자전거 **5**대의 바퀴 수

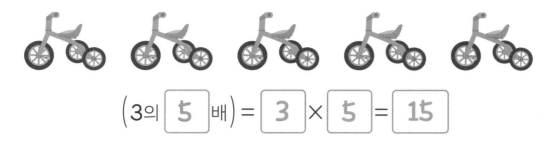

$(3의 \boxed{5} 배) = \boxed{3} \times \boxed{5} = \boxed{15}$

2 돼지 **4**마리의 다리 수

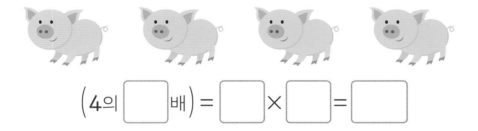

$(4의 \boxed{} 배) = \boxed{} \times \boxed{} = \boxed{}$

3 문어 **4**마리의 다리 수

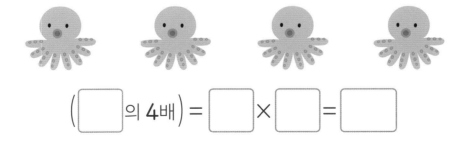

$(\boxed{}의 4배) = \boxed{} \times \boxed{} = \boxed{}$

4 무궁화 **6**송이의 꽃잎 수

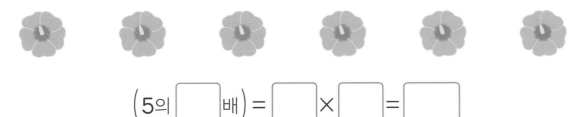

$(5의 \boxed{} 배) = \boxed{} \times \boxed{} = \boxed{}$

개념 **펼치기**

정답 53쪽

관계있는 것끼리 연결하세요.

상황에 어울리는 덧셈식을 먼저 생각해 봐.

1

한 층에 창문이 **5**개씩 있는 건물이 **7**층짜리일 때, 창문의 전체 개수를 구하는 곱셈식입니다.

6×9

2

한 쪽에 수학 문제가 **6**개씩 있는 문제집을 **6**쪽 풀었을 때, 푼 문제의 전체 수를 구하는 곱셈식입니다.

8×7

3

한 줄에 **4**칸씩 있는 초콜릿을 **3**줄 먹었을 때, 먹은 초콜릿의 칸 수를 구하는 곱셈식입니다.

5×7

4

9명이 각자 음료수를 **6**개씩 가져왔을 때, 음료수의 전체 수를 구하는 곱셈식입니다.

6×6

5

컵케이크가 **8**개씩 들어있는 상자가 **7**개 있을 때, 컵케이크의 전체 수를 구하는 곱셈식입니다.

4×3

개념 펼치기

빈칸을 채우고 물음에 답하세요.

'몇씩 몇 묶음' 하는 것은
곱셈으로 쓸 수 있지~

1 한 묶음에 양말이 3켤레씩 있습니다. 3묶음에 들어있는 양말은 모두 몇 켤레일까요?

식: $3 \times 3 = 9$

답: ____9____켤레

2 한 화분에 꽃을 4송이씩 심었습니다. 화분 4개에 심은 꽃은 모두 몇 송이일까요?

식: $\boxed{} \times \boxed{} = \boxed{}$

답: _____송이

3 한 상자에 탁구공이 9개씩 들어있습니다. 3상자에 들어있는 탁구공은 모두 몇 개일까요?

식: $\boxed{} \times \boxed{} = \boxed{}$

답: _____개

4 라면 5봉지가 한 묶음입니다. 4묶음에 들어있는 라면은 모두 몇 봉지일까요?

식: $\boxed{} \times \boxed{} = \boxed{}$

답: _____봉지

5 한 사람에게 초콜릿을 6개씩 주려고 합니다. 4명에게 주려면 초콜릿이 모두 몇 개 필요할까요?

식: $\boxed{} \times \boxed{} = \boxed{}$

답: _____개

[1-2] 우산을 묶어 세려고 합니다. 물음에 답하세요.

1 3씩 묶어 세어 보세요.

2 6씩 묶어 세어 보세요.

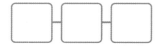

3 한 상자에 5장씩 들어있는 공룡카드를 4상자 샀습니다. 공룡카드가 모두 몇 장인지 빈칸에 알맞은 수를 쓰세요.

☐ 장씩 ☐ 상자 → _____ 장

4 곱셈식을 읽어 보세요.

$$8 \times 6 = 48$$

읽기 _____

5 나머지와 다른 하나의 기호를 쓰세요.

㉠ 7씩 5묶음	㉡ 7×5
㉢ 7의 5배	㉣ 7+7+7
㉤ 7 곱하기 5	

(   )

6 만두가 한 통에 3개씩 들어있습니다. 7통에 들어있는 만두의 수를 구하는 곱셈식을 쓰세요.

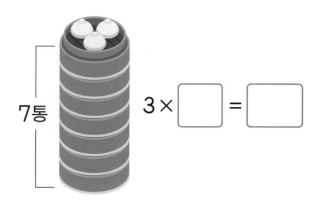

7통

$3 \times$ ☐ $=$ ☐

7 모자의 수를 덧셈식과 곱셈식으로 쓰세요.

덧셈식

$8 +$ ☐ $+$ ☐ $+$ ☐ $=$ ☐

곱셈식

$8 \times$ ☐ $=$ ☐

8 그림을 <u>잘못</u> 설명한 사람은 누구일까요?

미선: 마카롱을 3개씩 묶으면 4묶음
이야.
명재: 마카롱의 개수를 3+3+3+3
으로 표현할 수도 있어.
상철: 마카롱은 4의 3배만큼 있네.
선영: 마카롱을 5개씩 묶으면 남는
것 없이 2묶음이 생기네.

(   )

9 민호의 나이는 3살입니다. 형인 민수의 나이는 민호 나이의 3배입니다. 민수는 몇 살일까요?

(   )살

10 ◯ 안에 >, =, <를 알맞게 쓰세요.

8의 2배 ◯ 5씩 3묶음

11 파티를 하려고 종이컵을 샀습니다. 종이컵의 수를 덧셈식과 곱셈식으로 쓰세요.

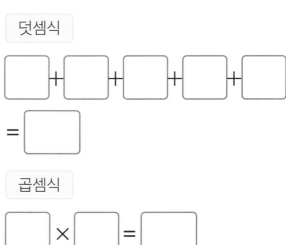

덧셈식

☐ $+$ ☐ $+$ ☐ $+$ ☐ $+$ ☐

$=$ ☐

곱셈식

☐ $\times$ ☐ $=$ ☐

12 곱셈의 결과가 8인 두 수를 모두 찾아 묶으세요.

3	7	11
4	2	8
5	9	1

13 15 cm 막대기의 길이는 5 cm 막대기의 길이의 몇 배일까요?

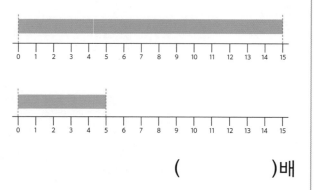

( )배

14 그림을 보고 콩의 개수를 구하는 곱셈식을 쓰세요.

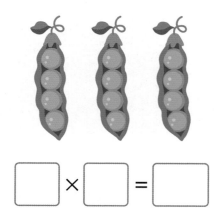

$$\boxed{} \times \boxed{} = \boxed{}$$

15 별 모양이 규칙적으로 그려진 포장지에 물감을 쏟았습니다. 포장지에 그려진 별 모양은 모두 몇 개일까요?

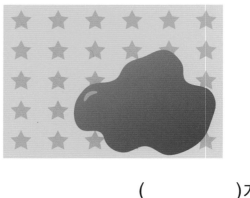

( )개

16 빈칸을 알맞게 채우세요.

(1) 7의 $\boxed{}$ 배는 35입니다.

(2) $\boxed{}$ 씩 2묶음은 16입니다.

(3) $4 \times \boxed{} = 24$

17 색종이 6장을 겹치고 원 4개를 그린 다음, 그림과 같이 원을 오렸습니다. 모두 몇 개의 원이 만들어질까요?

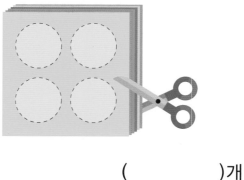

( )개

18 희진이가 가진 사탕의 수는 정수가 가진 사탕의 수의 몇 배일까요?

희진   정수

(   )배

19 민정이는 보기 에 사용한 쌓기나무 수의 **7**배만큼 사용해 새로운 모양을 만들었습니다. 민정이가 사용한 쌓기나무가 모두 몇 개인지 덧셈식과 곱셈식으로 나타내고, 답을 쓰세요

보기

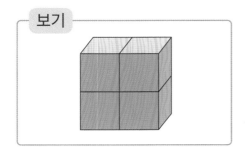

덧셈식 _____

_____

곱셈식 _____

(   )개

20 **5**명이 가위바위보를 하고 있습니다. **2**명이 가위를 내고, **3**명이 보를 냈을 때, 펼쳐진 손가락은 모두 몇 개일까요? 풀이 과정과 답을 쓰세요.

풀이
_____

_____

_____

_____

_____

_____

_____

(   )개

 여러분은 몇 학년 몇 반인가요?
두 수를 이용해 곱셈식을 만들어 보세요.

> 2학년 3반

 어떤 상황에서 곱셈을 쓸 수 있을까요?
여러분의 생각을 자유롭게 써 주세요.

MEMO

MEMO

MEMO

MEMO

59쪽

60쪽

61쪽

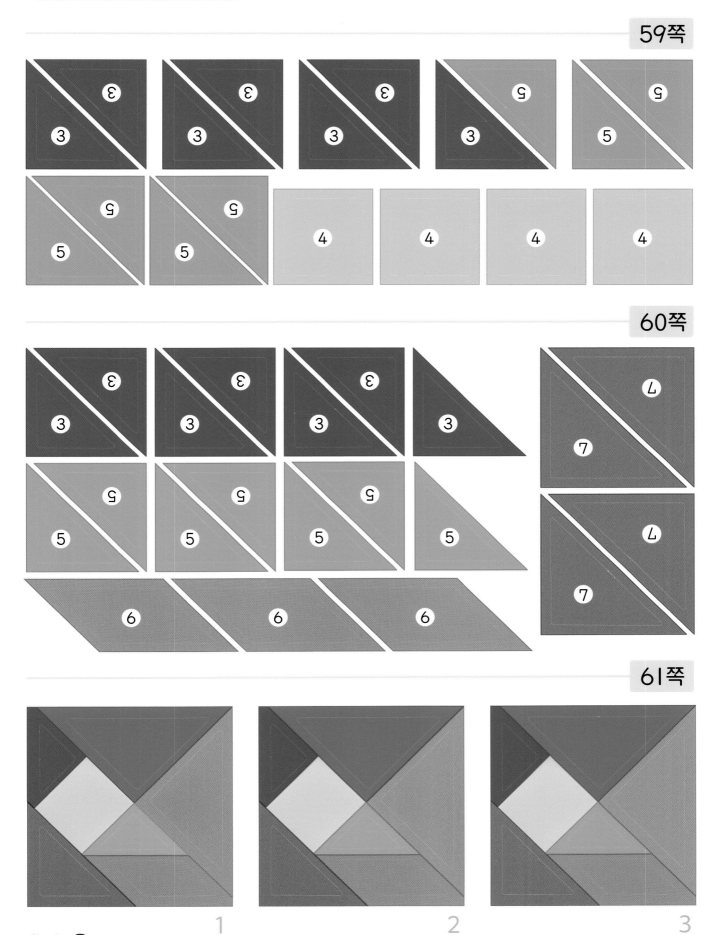

2-1 ①

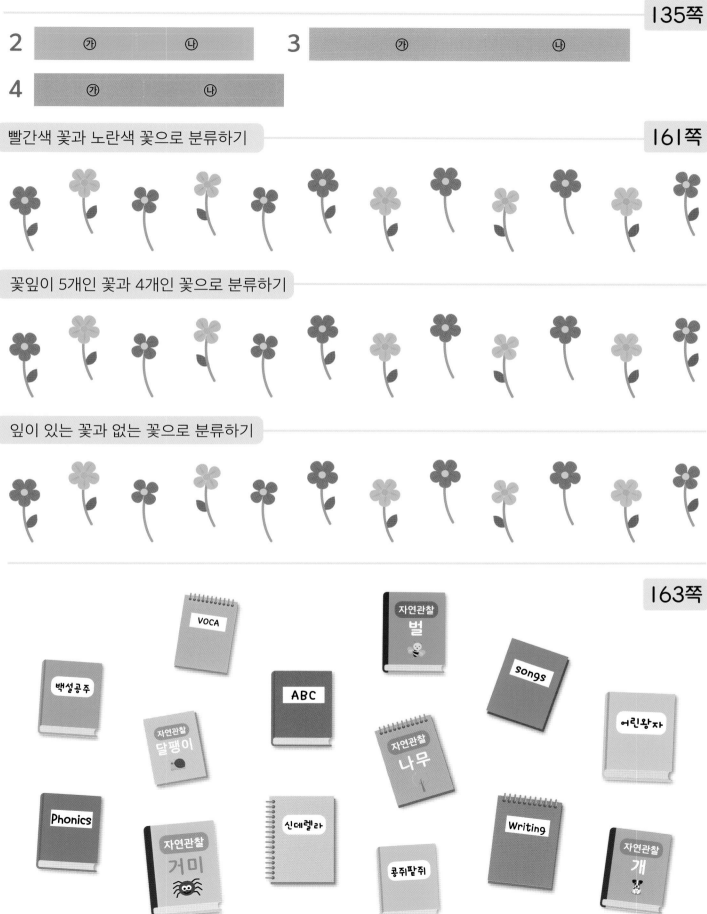

2-1 ②

새 교육과정 반영

그림으로 개념 잡는 초등수학

정답 및 해설

▶ 본문 각 페이지의 QR코드를 찍으면 더욱
자세한 풀이 과정이 담긴 영상을 보실 수 있습니다.

그림으로 개념 잡는
초등수학

2-1

정답 및 해설

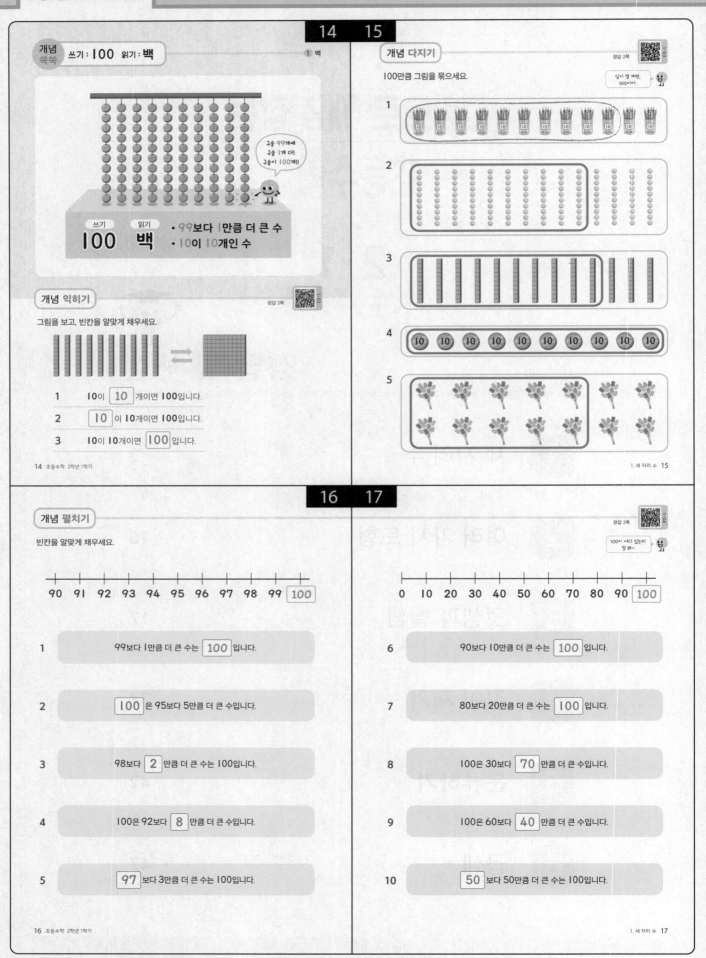

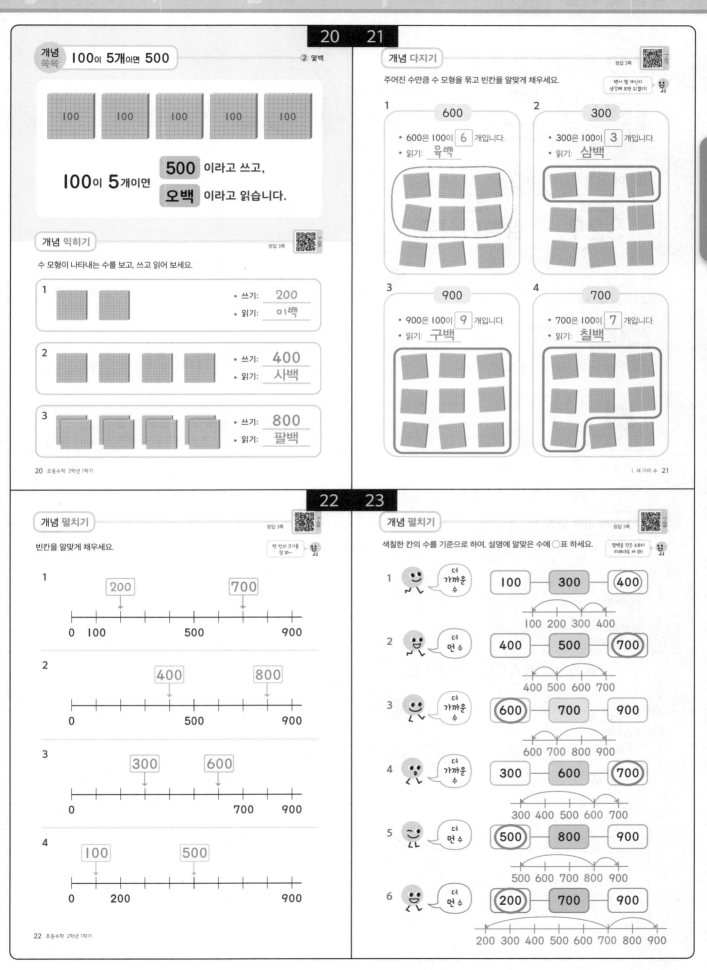

개념 쏙쏙 100이 5개이면 500

2 몇백

100이 5개이면 **500** 이라고 쓰고,
오백 이라고 읽습니다.

개념 익히기

정답 3쪽

수 모형이 나타내는 수를 보고, 쓰고 읽어 보세요.

1
• 쓰기: 200
• 읽기: 이백

2
• 쓰기: 400
• 읽기: 사백

3
• 쓰기: 800
• 읽기: 팔백

20 초등수학 2학년 1학기

개념 다지기

정답 3쪽

주어진 수만큼 수 모형을 묶고 빈칸을 알맞게 채우세요.

백이 몇 개인지 생각해 보면 되겠다

1 **600**
• 600은 100이 **6** 개입니다.
• 읽기: **육백**

2 **300**
• 300은 100이 **3** 개입니다.
• 읽기: **삼백**

3 **900**
• 900은 100이 **9** 개입니다.
• 읽기: **구백**

4 **700**
• 700은 100이 **7** 개입니다.
• 읽기: **칠백**

1. 세 자리 수 21

정답 및 해설

개념 펼치기

정답 3쪽

빈칸을 알맞게 채우세요.

한 칸의 크기를 잘 봐~

1
200   700
0 100   500   900

2
400   800
0   500   900

3
300   600
0   700   900

4
100   500
0   200   900

22 초등수학 2학년 1학기

개념 펼치기

정답 3쪽

색칠한 칸의 수를 기준으로 하여, 설명에 알맞은 수에 ◯표 하세요.

몇백을 작은 수부터 차례대로 써 봐!

1 더 가까운 수   100 — **300** — (400)
100 200 300 400

2 더 먼 수   400 — **500** — (700)
400 500 600 700

3 더 가까운 수   (600) — **700** — 900
600 700 800 900

4 더 가까운 수   300 — **600** — (700)
300 400 500 600 700

5 더 먼 수   (500) — **800** — 900
500 600 700 800 900

6 더 먼 수   (200) — **700** — 900
200 300 400 500 600 700 800 900

정답 및 해설 **3**

정답 및 해설

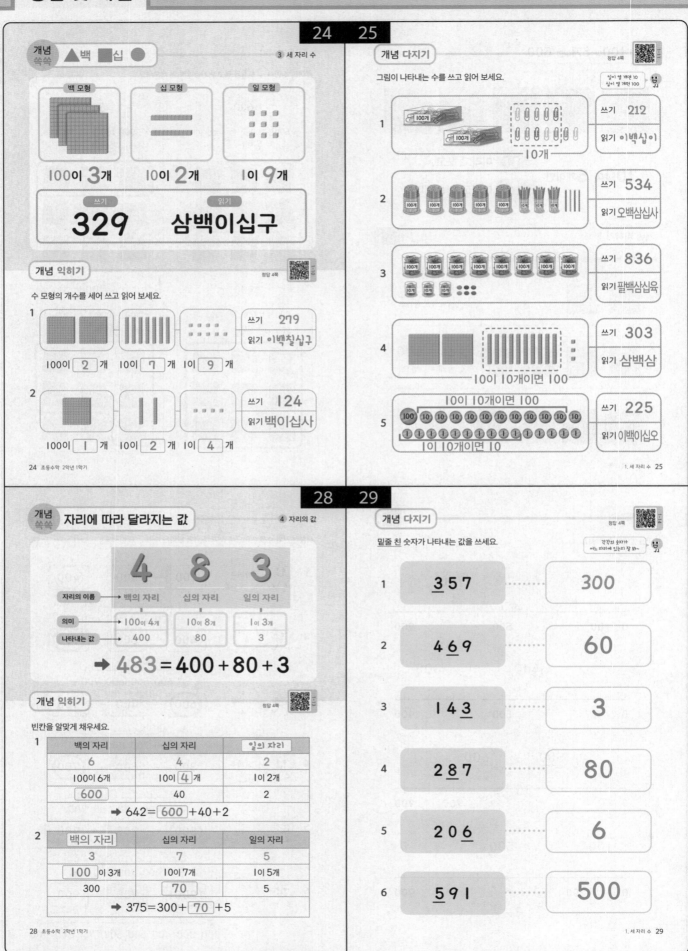

개념 쏙쏙 ▲백 ■십 ●
3 세 자리 수

백 모형	십 모형	일 모형

100이 **3**개 10이 **2**개 1이 **9**개

쓰기	읽기
329	**삼백이십구**

개념 익히기
정답 4쪽

수 모형의 개수를 세어 쓰고 읽어 보세요.

1
쓰기 **279**
읽기 **이백칠십구**

100이 **2** 개 10이 **7** 개 1이 **9** 개

2
쓰기 **124**
읽기 **백이십사**

100이 **1** 개 10이 **2** 개 1이 **4** 개

24 초등수학 2학년 1학기

개념 다지기
정답 4쪽

그림이 나타내는 수를 쓰고 읽어 보세요.

일이 열 개이면 10
십이 열 개이면 100

1
쓰기 **212**
읽기 **이백십이**

2
쓰기 **534**
읽기 **오백삼십사**

3
쓰기 **836**
읽기 **팔백삼십육**

4
10이 10개이면 100
쓰기 **303**
읽기 **삼백삼**

5
10이 10개이면 100
1이 10개이면 10
쓰기 **225**
읽기 **이백이십오**

1. 세 자리 수 25

개념 쏙쏙 자리에 따라 달라지는 값
4 자리의 값

4 8 3

자리의 이름	백의 자리	십의 자리	일의 자리
의미	100이 4개	10이 8개	1이 3개
나타내는 값	400	80	3

→ **483 = 400 + 80 + 3**

개념 익히기
정답 4쪽

빈칸을 알맞게 채우세요.

1

백의 자리	십의 자리	일의 자리
6	4	2
100이 6개	10이 **4** 개	1이 2개
600	40	2

→ 642 = **600** + 40 + 2

2

백의 자리	십의 자리	일의 자리
3	7	5
100 이 3개	10이 7개	1이 5개
300	**70**	5

→ 375 = 300 + **70** + 5

28 초등수학 2학년 1학기

개념 다지기
정답 4쪽

밑줄 친 숫자가 나타내는 값을 쓰세요.

각각의 숫자가
어느 자리에 있는지 잘 봐~

1 <u>3</u>57 ······· **300**

2 4<u>6</u>9 ······· **60**

3 14<u>3</u> ······· **3**

4 2<u>8</u>7 ······· **80**

5 20<u>6</u> ······· **6**

6 <u>5</u>91 ······· **500**

1. 세 자리 수 29

개념 펼치기

정답 5쪽

수 배열표를 보고 물음에 답하세요.

수 배열표에서
규칙을 찾아봐~

591	592	593	594	595	596	597	598	599	600
601	602	603	604	605	606	607	608	609	610
611	612	613	614	615	616	617	618	619	620
621	622	623	624	625	626	627	628	629	630
631	632	633	634	635	636	637	638	639	640

1 십의 자리 숫자가 2인 수를 모두 찾아 빨간색으로 색칠하세요.

2 일의 자리 숫자가 6인 수를 모두 찾아 초록색으로 색칠하세요.

3 백의 자리 숫자가 5인 수를 모두 찾아 파란색으로 색칠하세요.

4 빨간색과 초록색이 모두 칠해진 수를 찾아 쓰세요.　（ 626 ）

5 초록색과 파란색이 모두 칠해진 수를 찾아 쓰세요.　（ 596 ）

개념 펼치기

정답 5쪽

금고의 비밀번호를 알아맞혀 보세요.

각 자리의 값을 어떻게
설명하고 있는지 잘 봐~

1 힌트

이 금고 비밀번호는
100이 6개인 세 자리 수야.
십의 자리 숫자는 30을 나타내고,
401과 일의 자리 숫자는 똑같아.

6 3 1

2 힌트

이 금고 비밀번호는
백의 자리 숫자가 700을 나타내는
세 자리 수야. 십의 자리 숫자는 0이고,
834와 일의 자리 숫자가 똑같아.

7 0 4

3 힌트

이 금고 비밀번호는
237과 백의 자리 숫자가 같은 세 자리
수야. 십의 자리 숫자는 10이 8개인
것을 뜻하고, 일의 자리 숫자는 5야.

2 8 5

4 힌트

이 금고 비밀번호는 백의 자리
숫자가 9인 세 자리 수야.
215와 십의 자리 숫자가 똑같고,
일의 자리 숫자는 3이야.

9 1 3

정답 및 해설

31쪽

1

100이 6개인 세 자리 수　6 ? ?

↓

십의 자리 숫자는 30을
나타내고,　6 3 ?

↓

401과 일의 자리 숫자는
똑같음　6 3 1

2

백의 자리 숫자가 700을
나타내는 세 자리 수　7 ? ?

↓

십의 자리 숫자는 0이고,　7 0 ?

↓

834와 일의 자리 숫자가
똑같음　7 0 4

3

237과 백의 자리 숫자가
같은 세 자리 수　2 ? ?

↓

십의 자리 숫자는 10이
8개인 것을 뜻함　2 8 ?

↓

일의 자리 숫자는 5　2 8 5

4

백의 자리 숫자가 9인
세 자리 수　9 ? ?

↓

215와 십의 자리 숫자가
똑같음　9 1 ?

↓

일의 자리 숫자는 3　9 1 3

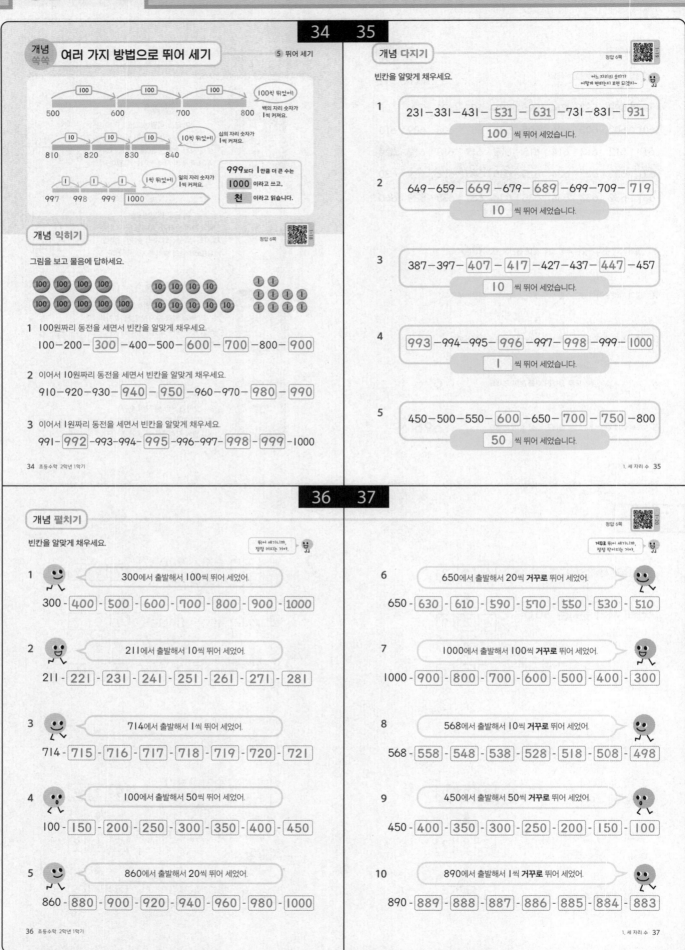

개념 쏙쏙 여러 가지 방법으로 뛰어 세기

⑤ 뛰어 세기

100씩 뛰었어!
백의 자리 숫자가 1씩 커져요.

500 — 600 — 700 — 800

10씩 뛰었어!
십의 자리 숫자가 1씩 커져요.

810 — 820 — 830 — 840

1씩 뛰었어!
일의 자리 숫자가 1씩 커져요.

997 — 998 — 999 — 1000

999보다 1만큼 더 큰 수는 **1000** 이라고 쓰고, **천** 이라고 읽습니다.

개념 익히기

그림을 보고 물음에 답하세요.

1 100원짜리 동전을 세면서 빈칸을 알맞게 채우세요.

100 — 200 — 300 — 400 — 500 — 600 — 700 — 800 — 900

2 이어서 10원짜리 동전을 세면서 빈칸을 알맞게 채우세요.

910 — 920 — 930 — 940 — 950 — 960 — 970 — 980 — 990

3 이어서 1원짜리 동전을 세면서 빈칸을 알맞게 채우세요.

991 — 992 — 993 — 994 — 995 — 996 — 997 — 998 — 999 — 1000

34 초등수학 2학년 1학기

개념 다지기

정답 6쪽

빈칸을 알맞게 채우세요.

어느 자리의 숫자가 어떻게 변하는지 보면 되겠지~

1 231 — 331 — 431 — 531 — 631 — 731 — 831 — 931
100 씩 뛰어 세었습니다.

2 649 — 659 — 669 — 679 — 689 — 699 — 709 — 719
10 씩 뛰어 세었습니다.

3 387 — 397 — 407 — 417 — 427 — 437 — 447 — 457
10 씩 뛰어 세었습니다.

4 993 — 994 — 995 — 996 — 997 — 998 — 999 — 1000
1 씩 뛰어 세었습니다.

5 450 — 500 — 550 — 600 — 650 — 700 — 750 — 800
50 씩 뛰어 세었습니다.

1. 세 자리 수 35

개념 펼치기

빈칸을 알맞게 채우세요.

뛰어 세기니까, 점점 커지는 거야.

1 300에서 출발해서 100씩 뛰어 세었어.
300 - 400 - 500 - 600 - 700 - 800 - 900 - 1000

2 211에서 출발해서 10씩 뛰어 세었어.
211 - 221 - 231 - 241 - 251 - 261 - 271 - 281

3 714에서 출발해서 1씩 뛰어 세었어.
714 - 715 - 716 - 717 - 718 - 719 - 720 - 721

4 100에서 출발해서 50씩 뛰어 세었어.
100 - 150 - 200 - 250 - 300 - 350 - 400 - 450

5 860에서 출발해서 20씩 뛰어 세었어.
860 - 880 - 900 - 920 - 940 - 960 - 980 - 1000

36 초등수학 2학년 1학기

정답 6쪽

거꾸로 뛰어 세기니까, 점점 작아지는 거야.

6 650에서 출발해서 20씩 **거꾸로** 뛰어 세었어.
650 - 630 - 610 - 590 - 570 - 550 - 530 - 510

7 1000에서 출발해서 100씩 **거꾸로** 뛰어 세었어.
1000 - 900 - 800 - 700 - 600 - 500 - 400 - 300

8 568에서 출발해서 10씩 **거꾸로** 뛰어 세었어.
568 - 558 - 548 - 538 - 528 - 518 - 508 - 498

9 450에서 출발해서 50씩 **거꾸로** 뛰어 세었어.
450 - 400 - 350 - 300 - 250 - 200 - 150 - 100

10 890에서 출발해서 1씩 **거꾸로** 뛰어 세었어.
890 - 889 - 888 - 887 - 886 - 885 - 884 - 883

1. 세 자리 수 37

개념 쏙쏙 **높은 자리 수**부터 **비교**

6 수의 크기 비교

백의 자리 숫자가 큰 쪽이 큰 수입니다.	387 < 450

→3<4

| 백의 자리 숫자가 같으면, 십의 자리 숫자가 큰 쪽이 큰 수입니다. | 232 > 218 |

→3>1

| 백의 자리 숫자와 십의 자리 숫자가 각각 같으면, 일의 자리 숫자가 큰 쪽이 큰 수입니다. | 232 < 233 |

→2<3

개념 익히기

정답 7쪽

빈칸을 채우고 ◯ 안에 > 또는 < 를 알맞게 쓰세요.

1

651 ⇒	백의 자리	십의 자리	일의 자리
	6	5	1
499 ⇒	4	9	9

651 (>) 499

2

269 ⇒	백의 자리	십의 자리	일의 자리
	2	6	9
270 ⇒	2	7	0

269 (<) 270

3

386 ⇒	백의 자리	십의 자리	일의 자리
	3	8	6
384 ⇒	3	8	4

386 (>) 384

40 초등수학 2학년 1학기

개념 다지기

정답 7쪽

수의 크기를 비교하여 알맞게 색칠하세요.

높은 자리 수부터 비교해 봐~

1 가장 작은 수에 빨간색을 칠해보세요.

큰 순서대로 쓰면 516, 431, 378, 352

2 가장 큰 수에 파란색을 칠해보세요.

큰 순서대로 쓰면 746, 691, 666, 625

3 가장 작은 수에는 빨간색, 가장 큰 수에는 파란색을 칠해보세요.

큰 순서대로 쓰면 577, 569, 554, 523

4 가장 작은 수에는 빨간색, 가장 큰 수에는 파란색을 칠해보세요.

큰 순서대로 쓰면 891, 846, 804, 783

1. 세 자리 수 41

개념 펼치기

정답 7쪽

물음에 답하세요.

백의 자리의 숫자가 클수록 큰 수야.

1 수의 크기를 비교하여 <u>작은 순서대로</u> 쓰세요.

| 387 | 369 | 211 |

(211 , 369 , 387)

2 수의 크기를 비교하여 <u>큰 순서대로</u> 쓰세요.

| 548 | 569 | 499 |

(569 , 548 , 499)

3 수의 크기를 비교하여 <u>가장 큰 수</u>와 <u>가장 작은 수</u>를 차례로 쓰세요.

| 742 | 859 | 861 |

(861 , 742)

4 아래의 카드 4장 중 3장으로 만들 수 있는 <u>가장 큰 세 자리 수</u>는 무엇일까요?

 (975)

가장 큰 세 자리 수를 만들기 위해서는 백의 자리에 가장 큰 수, 십의 자리에 그 다음 큰 수, 일의 자리에 그 다음 큰 수를 써야 합니다.

5 아래의 카드 4장 중 3장으로 만들 수 있는 <u>가장 작은 세 자리 수</u>는 무엇일까요?

(102)

가장 작은 세 자리 수를 만들기 위해서는 백의 자리에 가장 작은 수, 십의 자리에 그 다음 작은 수, 일의 자리에 그 다음 작은 수를 써야 합니다. 그러나 문제에서 가장 작은 수는 0이고 백의 자리에 0이 들어갈 수 없으므로, 백의 자리에는 1을 쓰고, 십의 자리에는 0, 일의 자리에는 2를 쓰면 됩니다.

정답 및 해설

2

6⃞3 > 648

먼저, ⃞에 4가 들어가도 되는지 생각합니다. 6④3 > 648은 될 수 없으므로, ⃞에 들어갈 수 있는 숫자는 4보다 큰 5, 6, 7, 8, 9입니다.

3

368 < 3⃞8

먼저, ⃞에 6이 들어가도 되는지 생각합니다. 368 < 3⑥8은 될 수 없으므로, ⃞에 들어갈 수 있는 숫자는 6보다 큰 7, 8, 9입니다.

4

741 < ⃞48

먼저, ⃞에 7이 들어가도 되는지 생각합니다. 741 < ⑦48은 될 수 있으므로, ⃞에 들어갈 수 있는 숫자는 7과 7보다 큰 8, 9입니다.

5

153 > 1⃞2

먼저, ⃞에 5가 들어가도 되는지 생각합니다. 153 > 1⑤2는 될 수 있으므로, ⃞에 들어갈 수 있는 숫자는 5와 5보다 작은 0, 1, 2, 3, 4입니다.

43

개념 펼치기

정답 8쪽

⃞ 안에 들어갈 수 있는 숫자를 모두 찾아 ○표 하세요.

백잘해 보여도, 백의 자리 숫자끼리 차례로 비교하는 거야.

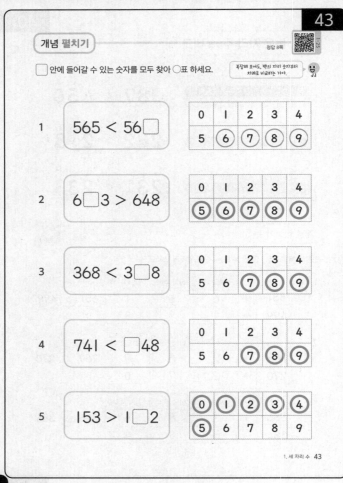

1. 세 자리 수 **43**

개념 마무리

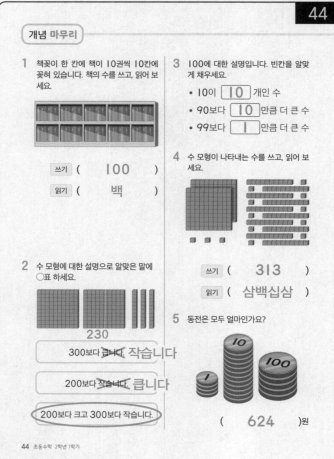

1 책꽂이 한 칸에 책이 10권씩 10칸에 꽂혀 있습니다. 책의 수를 쓰고, 읽어 보세요.

쓰기 (100)
읽기 (백)

2 수 모형에 대한 설명으로 알맞은 말에 ○표 하세요.

230

300보다 큽니다 작습니다

200보다 작습니다 큽니다

⟨200보다 크고 300보다 작습니다.⟩

3 100에 대한 설명입니다. 빈칸을 알맞게 채우세요.

• 10이 10 개인 수
• 90보다 10 만큼 더 큰 수
• 99보다 1 만큼 더 큰 수

4 수 모형이 나타내는 수를 쓰고, 읽어 보세요.

쓰기 (313)
읽기 (삼백십삼)

5 동전은 모두 얼마인가요?

(624)원

4 그림의 백 모형이 2개, 십 모형이 10개, 일 모형이 13개입니다.
십 모형이 10개 → 100
일 모형이 10개 → 10
따라서 수 모형이 나타내는 수는 313입니다.

5 그림에서 1원짜리 동전이 4개, 10원짜리 동전이 12개, 100원짜리 동전이 5개 있습니다. 10원이 10개이면 100원이므로 그림의 동전은 모두 624원입니다.

7

$360 =$ ⟨100⟩ ⟨100⟩ ⟨100⟩ ⟨60⟩

10원이   10원이   10원이   10원이
10개   10개   10개   6개

따라서, 10원짜리 동전이 36개 필요합니다.

8 백의 자리, 십의 자리, 일의 자리에 숫자 카드를 큰 순서대로 놓으면 가장 큰 세 자리 수를 만들 수 있습니다. 따라서 가장 큰 세 자리 수는 854입니다.

가장 작은 세 자리 수를 만들기 위해서는 백의 자리, 십의 자리, 일의 자리에 숫자 카드를 작은 순서대로 놓으면 됩니다. 그러나 문제에서 가장 작은 수는 0이고 백의 자리에 0이 들어갈 수 없으므로, 백의 자리에는 4를 쓰고, 십의 자리에는 0, 일의 자리에는 5를 쓰면 됩니다. 따라서 가장 작은 세 자리 수는 405입니다.

6 밑줄 친 숫자가 나타내는 값을 쓰세요.
- 963 ➡ (3)
- 281 ➡ (80)
- 304 ➡ (300)

7 10원짜리 동전으로 360원을 만들려면 동전 몇 개가 필요할까요?

(36)개

8 아래의 5, 4, 8, 0 숫자 카드 4장 중 3장으로 만들 수 있는 가장 큰 세 자리 수와 가장 작은 세 자리 수를 구하세요.

가장 큰 세 자리 수 : (854)
가장 작은 세 자리 수 : (405)

9 아래의 동전 4개 중 3개로 만들 수 있는 세 자리 수를 모두 쓰세요. (정답 2개)

(111 , 120)

10 예린이가 설명하고 있는 세 자리 수를 쓰세요.

> 100이 7개이고, 십의 자리 숫자는 40을 나타내고, 523과 일의 자리 숫자는 똑같아.

예린

(743)

11 100, 10, 1이 적힌 바구니에 아래 그림과 같이 공이 들어 있습니다. 그림이 나타내는 세 자리 수를 쓰고, 읽어 보세요.

쓰기 (435)
읽기 (사백삼십오)

1. 세 자리 수 **45**

---

9 주어진 동전 4개 중에서 동전을 하나씩 빼면서 세 자리 수가 되는지 확인하면 됩니다.

① 100원짜리를 뺀 경우

→

21원이므로 세 자리 수가 아닙니다.

② 10원짜리를 뺀 경우

→

111원이므로 세 자리 수입니다.

③ 1원짜리를 뺀 경우

→

120원이므로 세 자리 수입니다.

개념 마무리

12 수 모형을 보고 빈칸을 알맞게 채우세요.

백 모형 [1]개
십 모형 [2]개
일 모형 [3]개

123 = [100] + [20] + [3]

13 빈칸에 들어갈 수 있는 숫자를 모두 쓰세요.

218 > 2[　]7

(0 , 1)

먼저, [　]에 1이 들어가도 되는지 생각합니다. 218 > 2[1]7은 될 수 있으므로, [　]에 들어갈 수 있는 숫자는 1과 1보다 작은 0입니다.

14 일부가 가려져 있는 세 자리 수의 크기를 비교하여 ○ 안에 >또는 <를 알맞게 쓰세요.

4[6] (>) 287
4 > 2

369 (<) [3]7
6 < 7

5[5] (>) 53
5 > 3

15 400과 600 사이에 있는 세 자리 수 중 가장 큰 수는 무엇일까요?

(599)

16 '나'는 어떤 수일까요?

• 나는 세 자리 수입니다.
• 백의 자리 숫자는 2보다 크고 4보다 작습니다. → 백의 자리 숫자: 3
• 십의 자리 숫자는 50을 나타냅니다. → 십의 자리 숫자: 5
• 일의 자리 숫자는 백의 자리 숫자보다 1만큼 더 큽니다. → 일의 자리 숫자: 4

(354)

17 318에서 출발해서 100씩 5번 뛰어 센 수는 얼마일까요?

100 100 100 100 100
318 418 518 618 718 ?

(818)

18 빈칸에 알맞은 수를 쓰세요.

10씩 커집니다.
413 - 423 - 433 - 443 - 453

➡ [10] 씩 뛰어 세었습니다.

19 1000이 어떤 수인지 설명하세요.

예
• 100이 10개인 수입니다.
• 999보다 1만큼 더 큰 수입니다.
• 990보다 10만큼 더 큰 수입니다.

20 500에서 출발해서 900에 도착하는 뛰어 세기를 만들어 보세요.

예
• 500에서 100씩 4번 뛰어 세기하면 900입니다.
• 500에서 200씩 2번 뛰어 세기하면 900입니다.

1 세 자리 수

상상력 키우기

글자 뒤에 숨어 있는 수를 찾아 빈칸을 완성하세요.

10	20	30	40	50	60	70	80	90	100
110	120	130	140	150	160	170	180	190	200
210	섬	230	240	250	260	270	280	290	300
310	320	330	340	350	360	370	380	물	400
410	420	430	440	적	460	470	480	490	500
510	520	530	540	550	560	570	580	590	600
610	620	630	640	650	660	670	680	690	700
710	720	보	740	750	760	770	780	790	800
810	820	830	840	850	860	870	880	890	900
910	920	930	940	950	960	970	980	990	해

1000	450	220	730	390
⬇	⬇	⬇	⬇	⬇
해	적	섬	보	물

• 2단원 여러 가지 도형

2 여러 가지 도형

이 단원에서 배울 내용

• 삼각형, 사각형, 원, 칠교판, 쌓기나무

❶ 삼각형
❷ 사각형
❸ 원
❹ 칠교판
❺ 쌓은 모양 알아보기
❻ 여러 가지 모양으로 쌓기

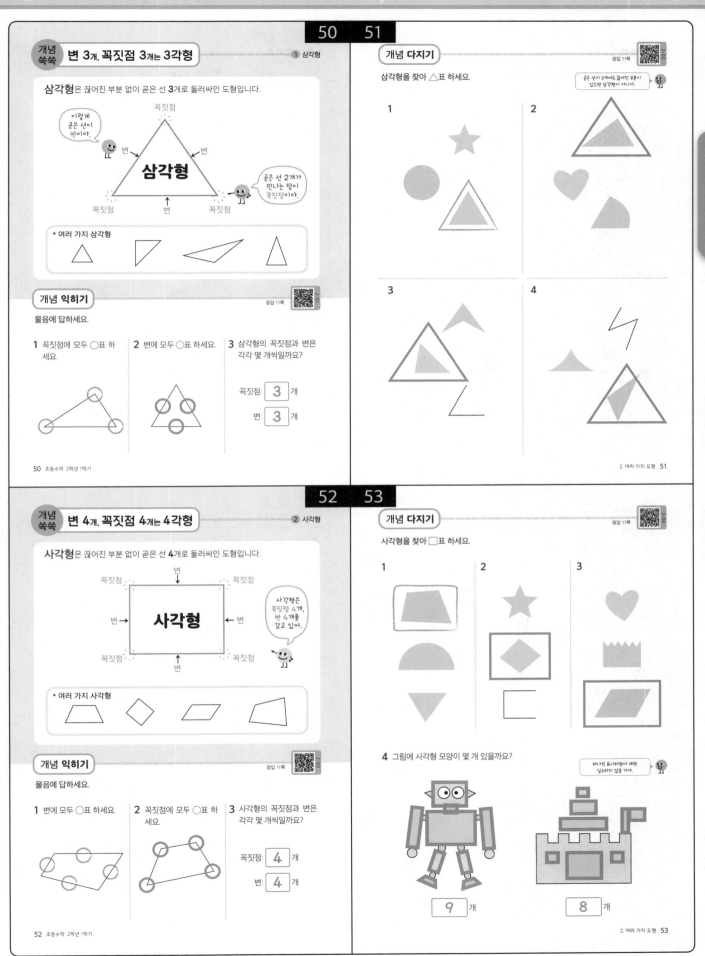

개념 쏙쏙 **변 3개, 꼭짓점 3개는 3각형** ① 삼각형

삼각형은 끊어진 부분이 없이 곧은 선 3개로 둘러싸인 도형입니다.

꼭짓점

이렇게 곧은 선이 변이야.

변   변

삼각형

곧은 선 2개가 만나는 점이 꼭짓점이야.

꼭짓점   변   꼭짓점

• 여러 가지 삼각형

개념 익히기

정답 11쪽

물음에 답하세요.

1 꼭짓점에 모두 ○표 하세요.

2 변에 모두 ○표 하세요.

3 삼각형의 꼭짓점과 변은 각각 몇 개씩일까요?

꼭짓점: 3 개

변: 3 개

50 초등수학 2학년 1학기

개념 다지기

정답 11쪽

삼각형을 찾아 △표 하세요.

곧은 선이 3개여도 끊어진 부분이 있으면 삼각형이 아니야.

1

2

3

4

2. 여러 가지 도형 51

개념 쏙쏙 **변 4개, 꼭짓점 4개는 4각형** ② 사각형

사각형은 끊어진 부분이 없이 곧은 선 4개로 둘러싸인 도형입니다.

꼭짓점   변   꼭짓점

변 →   **사각형**   ← 변

사각형은 꼭짓점 4개, 변 4개를 갖고 있어.

꼭짓점   변   꼭짓점

• 여러 가지 사각형

개념 익히기

정답 11쪽

물음에 답하세요.

1 변에 모두 ○표 하세요.

2 꼭짓점에 모두 ○표 하세요.

3 사각형의 꼭짓점과 변은 각각 몇 개씩일까요?

꼭짓점: 4 개

변: 4 개

52 초등수학 2학년 1학기

개념 다지기

정답 11쪽

사각형을 찾아 □표 하세요.

1

2

3

4 그림에 사각형 모양이 몇 개 있을까요?

하나씩 표시하면서 세면 실수하지 않을 거야.

9 개   8 개

2. 여러 가지 도형 53

정답 및 해설

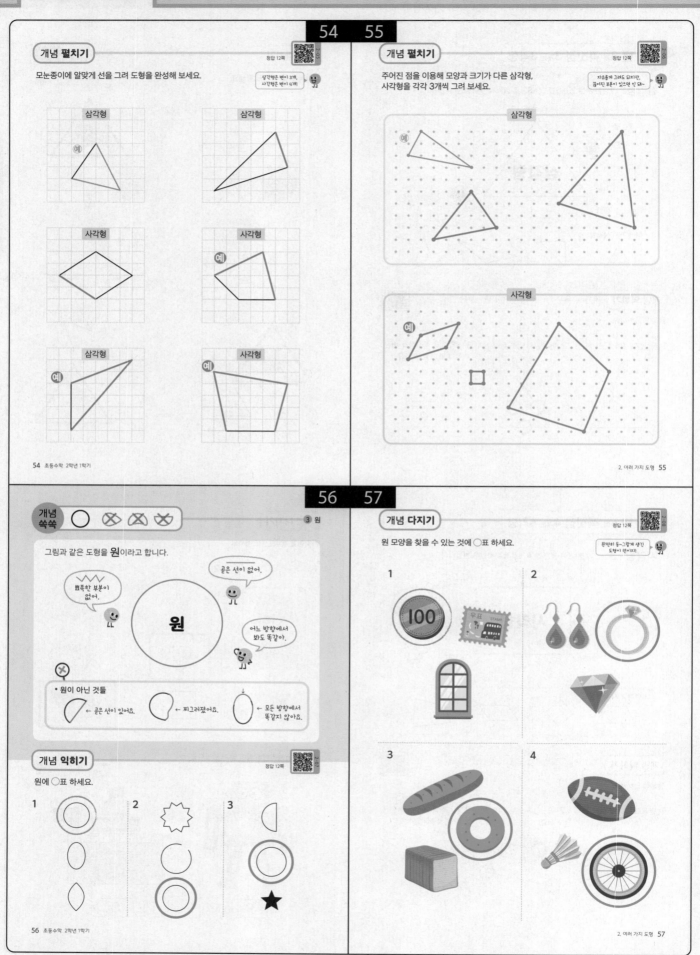

개념 펼치기

모눈종이에 알맞게 선을 그려 도형을 완성해 보세요.

삼각형의 변은 3개, 사각형의 변은 4개

삼각형   삼각형

사각형   사각형

삼각형   사각형

개념 펼치기

주어진 점을 이용해 모양과 크기가 다른 삼각형, 사각형을 각각 3개씩 그려 보세요.

자음으로게 그려도 되지만, 끊어진 부분이 있으면 안 돼~

삼각형

사각형

개념 쏙쏙   ○ ⊗ ⊗ ⊗   3 원

그림과 같은 도형을 **원**이라고 합니다.

뾰족한 부분이 없어.

곧은 선이 없어.

원

어느 방향에서 봐도 똑같아.

• 원이 아닌 것들

← 곧은 선이 있어요.   ← 찌그러졌어요.   ← 모든 방향에서 똑같지 않아요.

개념 익히기

원에 ○표 하세요.

1   2   3

개념 다지기

원 모양을 찾을 수 있는 것에 ○표 하세요.

완전히 둥그렇게 생긴 도형이 몇 개?

1   2

3   4

개념 쏙쏙 7개의 예쁜 도형 조각판

④ 칠교판

- 칠교판 -

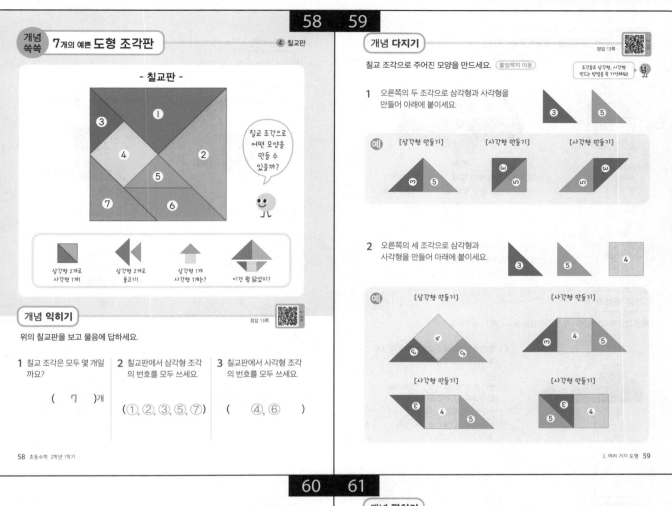

칠교 조각으로 어떤 모양을 만들 수 있을까?

삼각형 2개로 사각형 1개!

삼각형 2개로 물고기!

삼각형 1개 사각형 1개는?

이건 뭘 닮았지?

개념 익히기

위의 칠교판을 보고 물음에 답하세요.

1 칠교 조각은 모두 몇 개일 까요?

(7)개

2 칠교판에서 삼각형 조각 의 번호를 모두 쓰세요.

(①, ②, ③, ⑤, ⑦)

3 칠교판에서 사각형 조각 의 번호를 모두 쓰세요.

(④, ⑥)

개념 다지기

칠교 조각으로 주어진 모양을 만드세요. (붙임딱지 이용)

조각들로 삼각형, 사각형 만드는 방법을 꼭 기억해둬!

1 오른쪽의 두 조각으로 삼각형과 사각형을 만들어 아래에 붙이세요.

[삼각형 만들기] [사각형 만들기] [사각형 만들기]

2 오른쪽의 세 조각으로 삼각형과 사각형을 만들어 아래에 붙이세요.

[삼각형 만들기] [사각형 만들기]

[사각형 만들기] [사각형 만들기]

3 오른쪽의 세 조각으로 삼각형과 사각형을 만들어 아래에 붙이세요.

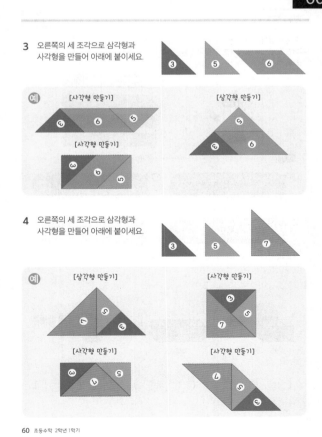

[사각형 만들기] [삼각형 만들기]

[사각형 만들기]

4 오른쪽의 세 조각으로 삼각형과 사각형을 만들어 아래에 붙이세요.

[삼각형 만들기] [사각형 만들기]

[사각형 만들기] [사각형 만들기]

개념 펼치기

칠교 조각 붙임딱지로 주어진 모양을 똑같이 만들어 붙이세요. (붙임딱지 이용)

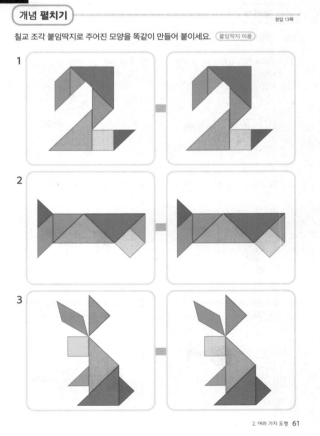

1

2

3

정답 및 해설

정답 13쪽

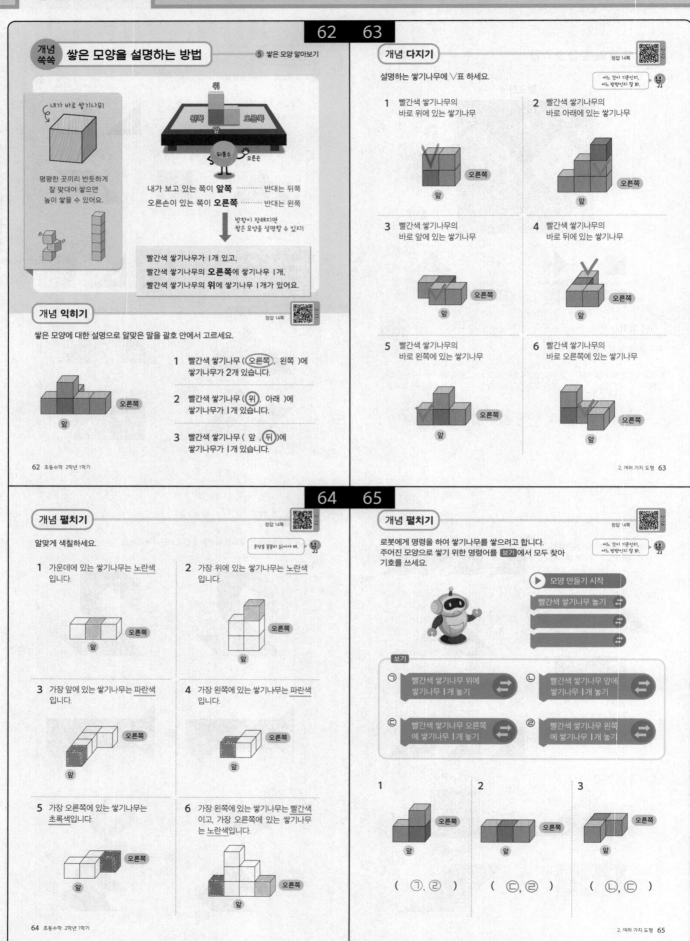

개념 쏙쏙 쌓은 모양을 설명하는 방법

5 쌓은 모양 알아보기

내가 바로 쌓기나무!

평평한 곳끼리 반듯하게 잘 맞대어 쌓으면 높이 쌓을 수 있어요.

위
왼쪽   앞   오른쪽
뒤통수   오른손

내가 보고 있는 쪽이 **앞쪽** ········ 반대는 뒤쪽
오른손이 있는 쪽이 **오른쪽** ········ 반대는 왼쪽

방향이 정해지면 쌓은 모양을 설명할 수 있지!

빨간색 쌓기나무가 1개 있고,
빨간색 쌓기나무의 **오른쪽**에 쌓기나무 1개,
빨간색 쌓기나무의 **위**에 쌓기나무 1개가 있어요.

개념 익히기

정답 14쪽

쌓은 모양에 대한 설명으로 알맞은 말을 괄호 안에서 고르세요.

오른쪽
앞

1 빨간색 쌓기나무 ((오른쪽), 왼쪽)에 쌓기나무가 2개 있습니다.

2 빨간색 쌓기나무 ((위), 아래)에 쌓기나무가 1개 있습니다.

3 빨간색 쌓기나무 (앞 , (뒤))에 쌓기나무가 1개 있습니다.

62 초등수학 2학년 1학기

개념 다지기

정답 14쪽

어느 것이 기준인지, 어느 방향인지 잘 봐.

설명하는 쌓기나무에 ∨표 하세요.

1 빨간색 쌓기나무의 바로 위에 있는 쌓기나무
오른쪽   앞

2 빨간색 쌓기나무의 바로 아래에 있는 쌓기나무
오른쪽   앞

3 빨간색 쌓기나무의 바로 앞에 있는 쌓기나무
오른쪽   앞

4 빨간색 쌓기나무의 바로 뒤에 있는 쌓기나무
오른쪽   앞

5 빨간색 쌓기나무의 바로 왼쪽에 있는 쌓기나무
오른쪽   앞

6 빨간색 쌓기나무의 바로 오른쪽에 있는 쌓기나무
오른쪽   앞

2. 여러 가지 도형 63

개념 펼치기

정답 14쪽

문장을 꼼꼼히 읽어야 해.

알맞게 색칠하세요.

1 가운데에 있는 쌓기나무는 노란색입니다.
오른쪽   앞

2 가장 위에 있는 쌓기나무는 노란색입니다.
오른쪽   앞

3 가장 앞에 있는 쌓기나무는 파란색입니다.
오른쪽   앞

4 가장 왼쪽에 있는 쌓기나무는 파란색입니다.
오른쪽   앞

5 가장 오른쪽에 있는 쌓기나무는 초록색입니다.
오른쪽   앞

6 가장 왼쪽에 있는 쌓기나무는 빨간색이고, 가장 오른쪽에 있는 쌓기나무는 노란색입니다.
오른쪽   앞

64 초등수학 2학년 1학기

개념 펼치기

정답 14쪽

어느 것이 기준인지, 어느 방향인지 잘 봐.

로봇에게 명령을 하여 쌓기나무를 쌓으려고 합니다.
주어진 모양으로 쌓기 위한 명령어를 보기 에서 모두 찾아
기호를 쓰세요.

▶ 모양 만들기 시작
빨간색 쌓기나무 놓기

보기

㉠ 빨간색 쌓기나무 위에 쌓기나무 1개 놓기

㉡ 빨간색 쌓기나무 앞에 쌓기나무 1개 놓기

㉢ 빨간색 쌓기나무 오른쪽에 쌓기나무 1개 놓기

㉣ 빨간색 쌓기나무 왼쪽에 쌓기나무 1개 놓기

1
오른쪽   앞

2
오른쪽   앞

3
오른쪽   앞

(㉠, ㉣)   (㉢, ㉣)   (㉡, ㉢)

2. 여러 가지 도형 65

개념 쏙쏙 같은 개수, 다른 모양

⑥ 여러 가지 모양으로 쌓기

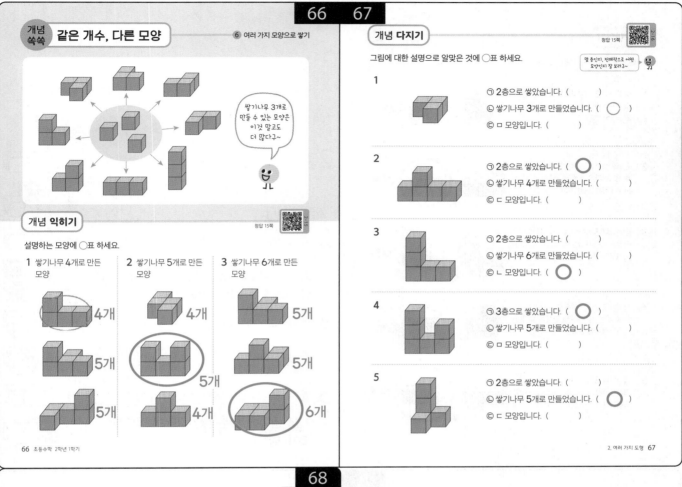

쌓기나무 3개로 만들 수 있는 모양은 이것 말고도 더 많다구~

개념 익히기

정답 15쪽

설명하는 모양에 ◯표 하세요.

1 쌓기나무 4개로 만든 모양

4개 / 5개 / 5개

2 쌓기나무 5개로 만든 모양

4개 / 5개 / 4개

3 쌓기나무 6개로 만든 모양

5개 / 5개 / 6개

66 초등수학 2학년 1학기

개념 다지기

정답 15쪽

그림에 대한 설명으로 알맞은 것에 ◯표 하세요.

몇 층인지, 전체적으로 어떤 모양인지 잘 보라구~

1
- ⊙ 2층으로 쌓았습니다. (   )
- ⓒ 쌓기나무 3개로 만들었습니다. (◯)
- ⓒ ㅁ 모양입니다. (   )

2
- ⊙ 2층으로 쌓았습니다. (◯)
- ⓒ 쌓기나무 4개로 만들었습니다. (   )
- ⓒ ㄷ 모양입니다. (   )

3
- ⊙ 2층으로 쌓았습니다. (   )
- ⓒ 쌓기나무 6개로 만들었습니다. (   )
- ⓒ ㄴ 모양입니다. (◯)

4
- ⊙ 3층으로 쌓았습니다. (◯)
- ⓒ 쌓기나무 5개로 만들었습니다. (   )
- ⓒ ㅁ 모양입니다. (   )

5
- ⊙ 2층으로 쌓았습니다. (   )
- ⓒ 쌓기나무 5개로 만들었습니다. (◯)
- ⓒ ㄷ 모양입니다. (   )

2. 여러 가지 도형 67

정답 및 해설

개념 펼치기

정답 15쪽

왼쪽 모양에서 쌓기나무 1개를 옮겨 오른쪽과 같은 모양을 만들려고 합니다. 옮겨야 할 쌓기나무에 ◯표 하세요.

왼쪽과 오른쪽에서 어디가 달라졌는지부터 찾아봐.

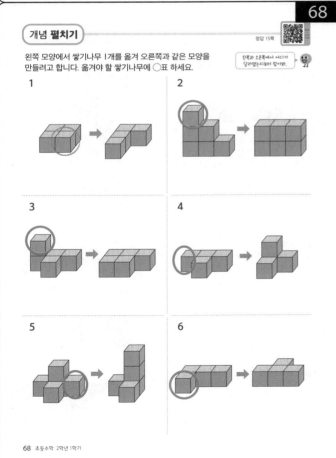

68 초등수학 2학년 1학기

정답 및 해설

개념 펼치기

정답 16쪽

설명에 알맞게 쌓은 모양에 ○표 하세요.

으아~ 복잡하다야!
그러니까 문장을 앞에서부터
3단계로 이용하면서 읽어야 해~

1 쌓기나무 2개가 옆으로 나란히 있고,
오른쪽 쌓기나무 위에 쌓기나무 1개가
있습니다.
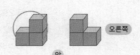

2 1층에 쌓기나무 3개가 옆으로 나란
히 있고, 가운데 쌓기나무 위에 쌓기
나무 1개가 있습니다.
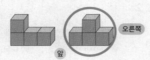

3 쌓기나무 3개가 옆으로 나란히 있고,
가장 오른쪽에 있는 쌓기나무 앞과 위
에 쌓기나무가 각각 1개씩 있습니다.
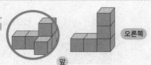

4 쌓기나무 2개가 앞뒤로 나란히 있고,
뒤에 있는 쌓기나무의 왼쪽에 쌓기나
무가 1개 있습니다.

5 쌓기나무 3개가 옆으로 나란히 있고,
가장 왼쪽에 있는 쌓기나무의 앞뒤로
쌓기나무가 각각 1개씩 있습니다.
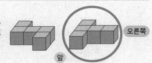

2. 여러 가지 도형 69

2 1층에 쌓기나무 3개가 <u>옆으로 나란히 있고</u> →

가운데 <u>쌓기나무 위에 쌓기나무 1개가</u>
있습니다. →

3 쌓기나무 3개가 <u>옆으로 나란히 있고</u> →

<u>가장 오른쪽에 있는 쌓기나무 앞과 위에</u>
쌓기나무가 각각 1개씩 있습니다. →

4 쌓기나무 2개가 <u>앞뒤로 나란히 있고</u> →

<u>뒤에 있는 쌓기나무의 왼쪽에 쌓기나무가</u>
1개 있습니다. →

5 쌓기나무 3개가 <u>옆으로 나란히 있고</u> →

<u>가장 왼쪽에 있는 쌓기나무의 앞뒤로</u>
쌓기나무가 각각 1개씩 있습니다. →

개념 마무리

2단원 여러 가지 도형
정답 16쪽

[1-3] 다음 모양자를 보고 물음에 답하세요.

1 모양자에 있는 삼각형 모양의 기호를 모
두 쓰세요.

(㉡, ㉣, ㉤)

2 ㉠의 이름은 무엇일까요?

(원)

3 사각형을 그릴 때 사용할 수 있는 모양
은 모두 몇 개일까요?

사각형 모양은 (2)개
㉢, ◎입니다.

70 초등수학 2학년 1학기

4 다음 문장이 원에 대한 설명이면 ○, 삼
각형에 대한 설명이면 △, 사각형에 대
한 설명이면 □를 그리세요.

(1) 꼭짓점이 4개입니다. (□)

(2) 어느 방향에서 봐도 같은 모양입니다. (○)

(3) 변이 3개입니다. (△)

5 표를 완성하세요.

이름	원	삼각형	사각형
꼭짓점의 수	0 개	3개	4개
변의 수	0개	3개	4 개

6 아래 그림과 같이 점선을 따라 종이를
자르면 어떤 도형이 몇 개 만들어질까요?

삼각형 이 4 개 만들어집니다.

7 3개의 쌓기나무로 만든 두 모양의 같은
점으로 알맞은 것의 기호를 쓰세요.

㉠ 2층으로 만들었습니다.
㉡ 빨간색 쌓기나무 위에 쌓기나무
1개가 있습니다.
㉢ 빨간색 쌓기나무 오른쪽에 쌓기
나무 1개가 있습니다.

(㉢)

8 아래의 점을 꼭짓점으로 하여 서로 겹치
지 않도록 삼각형과 사각형을 하나씩 그
려 보세요.

예

9 아래 그림과 같이 쌓기나무 1개를 옮겨
모양을 바꾸었습니다. 옮겨야 할 쌓기나
무에 ○표 하세요.

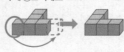

10 쌓은 모양에 대한 설명으로 알맞은
단어를 괄호 안에서 고르세요.

쌓기나무 3개가 (옆으로 (앞뒤로))
나란히 있고, 그중에서 가장 뒤에 있는
쌓기나무의 ((오른쪽) 왼쪽)과
(아래 (위))에 쌓기나무가 각각 1개씩
있습니다.

11 보기 의 세 조각을 이용하여 다음 모양
을 만들었습니다. 조각이 놓인 모양을
표시해 보세요.

보기
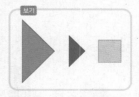

2. 여러 가지 도형 71

개념 마무리

12 원의 특성을 바르게 말한 친구의 이름을 쓰세요.

(진우)

[13-14] 다음은 칠교 조각을 이용하여 만든 모양입니다. 물음에 답하세요.

13 그림과 같은 도형을 만드는 데 이용한 사각형은 몇 개일까요?

(2)개

14 그림과 같은 도형을 만드는 데 이용한 삼각형은 몇 개일까요?

(5)개

15 설명하는 쌓기나무를 찾아 ○표 하세요.

(1) 빨간색 쌓기나무 바로 앞에 있는 쌓기나무

(2) 빨간색 쌓기나무 바로 오른쪽에 있는 쌓기나무

16 칠교판에서 찾을 수 없는 도형에 ○표 하세요.

삼각형 , 사각형 , (원)

---

17 칠교 조각으로 다음과 같은 모양을 만들었습니다. 사용한 삼각형과 사각형 조각은 각각 몇 개일까요?

삼각형 (4)개

사각형 (2)개

18 여러 가지 도형으로 얼굴 모양을 만들었습니다. 사용한 원, 삼각형, 사각형 모양의 개수는 각각 몇 개일까요?

원 (3)개

삼각형 (4)개

사각형 (2)개

19 쌓기나무로 쌓은 모양을 설명하세요.

설명 **예** 쌓기나무 2개가 옆으로 나란히 있고, 오른쪽 쌓기나무 위에 쌓기나무 1개가 있습니다.

20 다음 도형이 삼각형이 아닌 이유를 설명하세요.

이유 **예** 구부러진 선이 있어서 삼각형이 아닙니다.

정답 및 해설

---

2 여러 가지 도형

상상력 키우기

💡❓ 칠교 조각으로 만든 모양을 따라 그리고, 멋지게 꾸며 보세요.

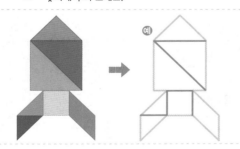

💡❓ 우리 반 교실에서 내 자리가 어디에 있는지 설명해 보세요.

예) 교실 뒤쪽 창문 오른쪽에 책상 2개가 옆으로 나란히 있고, 오른쪽 책상 바로 앞이 내 자리입니다.

예 칠판에서부터 셋째 줄에 있는 책상 중에서 가장 왼쪽이 내 자리입니다.

• 3단원 덧셈과 뺄셈

3 덧셈과 뺄셈

이 단원에서 배울 내용

• 받아올림, 받아내림이 있는 두 자리 수의 덧셈, 뺄셈

1 여러 가지 방법의 덧셈 (1)
2 여러 가지 방법의 덧셈 (2)
3 여러 가지 방법의 덧셈 (3)
4 세로셈으로 더하기
5 여러 가지 방법의 뺄셈 (1)
6 여러 가지 방법의 뺄셈 (2)
7 여러 가지 방법의 뺄셈 (3)
8 여러 가지 방법의 뺄셈 (4)
9 세로셈으로 빼기
10 세 수의 덧셈과 뺄셈
11 덧셈과 뺄셈의 관계
12 □가 사용된 덧셈식
13 □가 사용된 뺄셈식

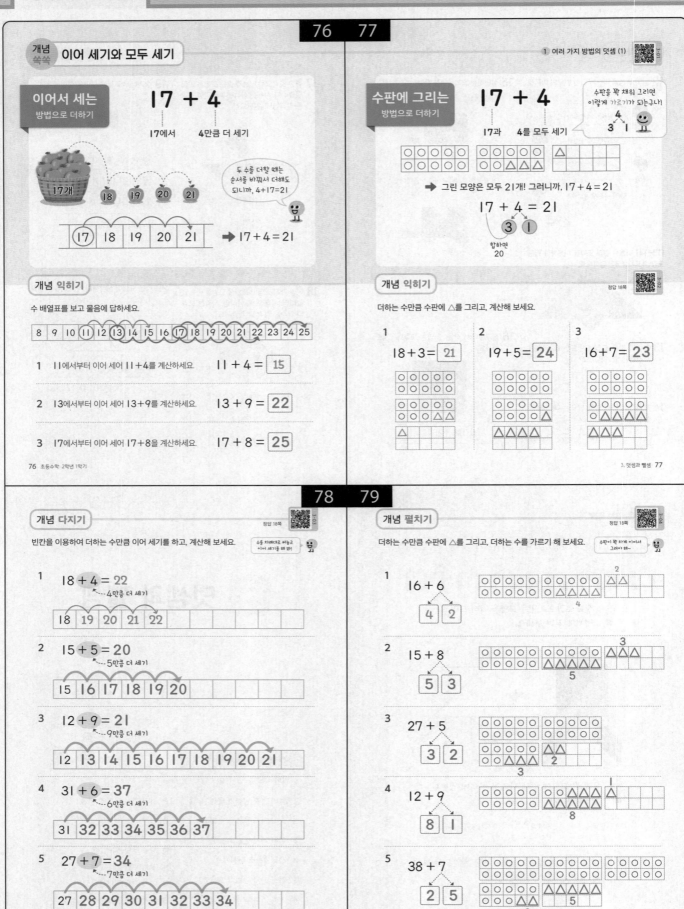

개념 쏙쏙 몇십과 몇으로 가르고 더하기

2 여러 가지 방법의 덧셈 (2)

두 자리 수를 더할 때는?

18 + 25

몇십　몇 으로
가르기를 해서 구하기!

18 + 25

20　5

수직선으로

18에서 　20만큼 가고 　5만큼 더 가기!!

18 ─ 28 ─ 38 ─ 43

수 배열표로

11	12	13	14	15	16	17	**18**	19	20
21	22	23	24	25	26	27	**28**	29	30
31	32	33	34	35	36	37	**38**	**39**	**40**
41	42	**43**	44	45	46	47	48	49	50

20만큼 가고

↓ 10씩 커져요.
→ 1씩 커져요.

5만큼 더 가기!!

➡ 18 + 25 = 43

개념 익히기

덧셈식에서 수를 몇십과 몇으로 가르기 해 보세요.

1
14 + 35
(30) (5)
몇십　몇

2
41 + 28
(20) (8)
몇십　몇

3
37 + 16
(10) (6)
몇십　몇

80 초등수학 2학년 1학기

개념 다지기

수 배열표를 이용하여 계산해 보세요.

몇십만큼 아래로,
몇만큼 오른쪽으로 이동!

1　22 + 19 = 41

21	(22)	23	24	25	26	27	28	29	30
31	32	33	34	35	36	37	38	39	40
41	42	43	44	45	46	47	48	49	50

2　18 + 13 = 31

11	12	13	14	15	16	17	(18)	19	20
21	22	23	24	25	26	27	28	29	30
31	32	33	34	35	36	37	38	39	40
41	42	43	44	45	46	47	48	49	50

3　35 + 27 = 62

31	32	33	34	(35)	36	37	38	39	40
41	42	43	44	45	46	47	48	49	50
51	52	53	54	55	56	57	58	59	60
61	62	63	64	65	66	67	68	69	70

4　57 + 29 = 86

51	52	53	54	55	56	(57)	58	59	60
61	62	63	64	65	66	67	68	69	70
71	72	73	74	75	76	77	78	79	80
81	82	83	84	85	86	87	88	89	90

3. 덧셈과 뺄셈 81

정답 및 해설

개념 쏙쏙 몇십으로 만들어서 더하기

3 여러 가지 방법의 덧셈 (3)

몇십으로 만들어서 더하기

(18) + 25

몇십으로 만들기!

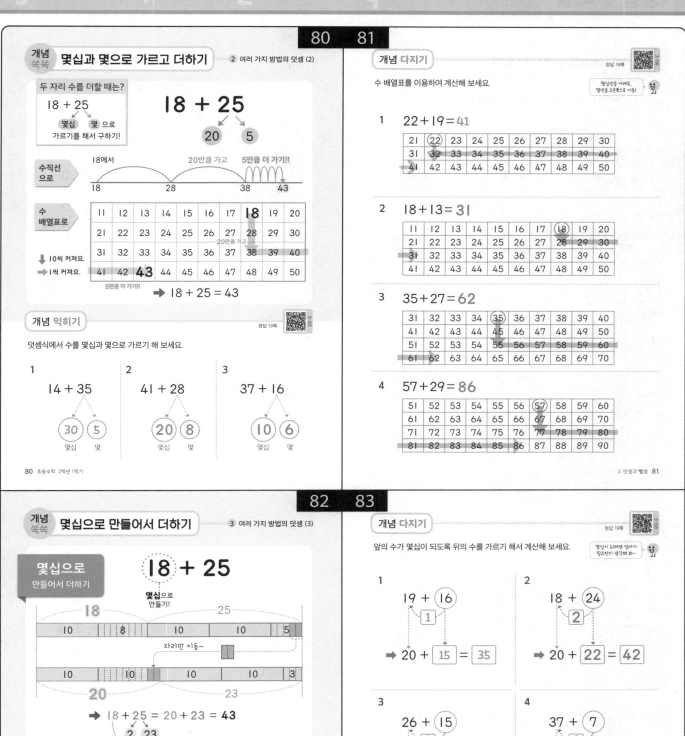

➡ 18 + 25 = 20 + 23 = 43

2　23
합하면 20

개념 익히기

그림을 보고 앞의 수가 몇십인 덧셈식으로 바꾸어 보세요.

1
28 + 14
➡ 30 + 12
몇십

2
19 + 23
➡ 20 + 22
몇십

82 초등수학 2학년 1학기

개념 다지기

앞의 수가 몇십이 되도록 뒤의 수를 가르기 해서 계산해 보세요.

몇십이 되려면 얼마가 필요한지 생각해 봐~

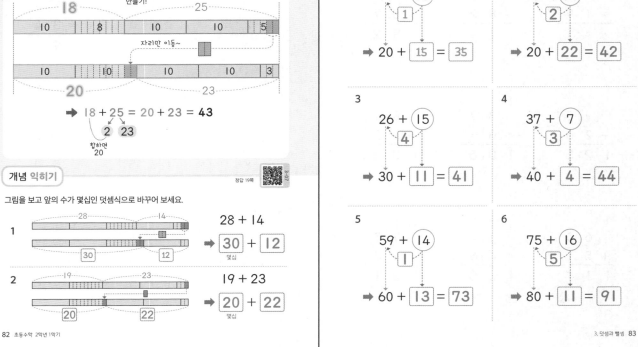

1
19 + (16)
　1
➡ 20 + 15 = 35

2
18 + (24)
　2
➡ 20 + 22 = 42

3
26 + (15)
　4
➡ 30 + 11 = 41

4
37 + (7)
　3
➡ 40 + 4 = 44

5
59 + (14)
　1
➡ 60 + 13 = 73

6
75 + (16)
　5
➡ 80 + 11 = 91

3. 덧셈과 뺄셈 83

정답 및 해설 **19**

정답 및 해설

4 세로셈으로 더하기

개념 쏙쏙 받아올림한 수까지 더하기!

★ 15 + 28 = ? (세로셈으로 계산하면 실수를 줄일 수 있습니다.)

받아올림한 수까지 더하기!

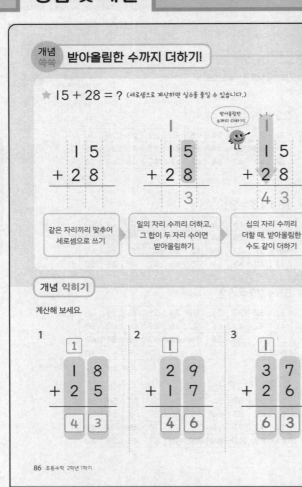

같은 자리끼리 맞추어 세로셈으로 쓰기 ▶ 일의 자리 수끼리 더하고, 그 합이 두 자리 수이면 받아올림하기 ▶ 십의 자리 수끼리 더할 때, 받아올림한 수도 같이 더하기

백이 넘는 덧셈

이것만 기억하면 덧셈은 문제없겠네!

★ 73 + 53 = ?

덧셈의 원칙

1) 같은 자리끼리 일의 자리부터 더하기

2) 같은 자리끼리의 합이 10이거나 10보다 크면 받아올림

3) 받아올림했는데 덧셈할 숫자가 없으면 그대로 내려서 쓰기

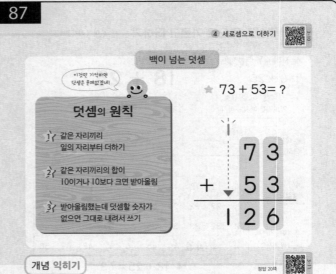

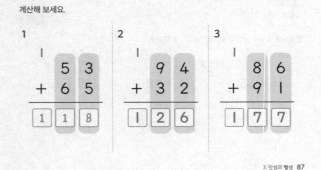

개념 익히기

계산해 보세요.

1
```
   1
   1 8
 + 2 5
 ─────
   4 3
```

2
```
   1
   2 9
 + 1 7
 ─────
   4 6
```

3
```
   1
   3 7
 + 2 6
 ─────
   6 3
```

개념 익히기

정답 20쪽

계산해 보세요.

1
```
   1
   5 3
 + 6 5
 ─────
 1 1 8
```

2
```
   1
   9 2
 + 3 2
 ─────
 1 2 6
```

3
```
   1
   8 6
 + 9 1
 ─────
 1 7 7
```

개념 다지기

정답 20쪽

계산해 보세요.

1
```
     1
   4 4
 + 1 9
 ─────
   6 3
```

2
```
   1
   3 7
 + 8 2
 ─────
 1 1 9
```

3
```
   1
   2 5
 + 5 7
 ─────
   8 2
```

4
```
   1
   9 9
 + 2 6
 ─────
 1 2 5
```

5
```
   1
   3 7
 + 6 9
 ─────
 1 0 6
```

6
```
   1
   8 4
 + 1 8
 ─────
 1 0 2
```

7
```
   6 0
 + 5 1
 ─────
 1 1 1
```

8
```
   5 4
 + 4 6
 ─────
 1 0 0
```

9
```
   7 8
 + 4 3
 ─────
 1 2 1
```

개념 다지기

정답 20쪽

빈칸을 알맞게 채우세요.

1
```
   1
   3 6
 + 2 5
 ─────
   6 1
```

2
```
   1
   2 7
 + 2 6
 ─────
   5 3
```

3
```
   1
   6 8
 + 2 4
 ─────
   9 2
```

4
```
   1
   5 8
 + 2 9
 ─────
   8 7
```

5
```
   1
   7 8
 + 6 7
 ─────
 1 4 5
```

6
```
   1
   3 2
 + 1 8
 ─────
   5 0
```

7
```
   1
   3 2
 + 3 9
 ─────
   7 1
```

8
```
   1
   7 6
 + 3 9
 ─────
 1 1 5
```

9
```
   1
   5 9
 + 8 7
 ─────
 1 4 6
```

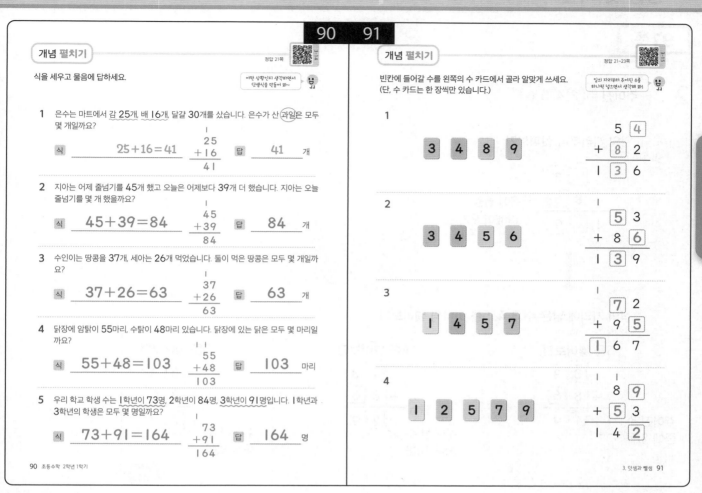

정답 및 해설

91쪽

1 주어진 수: 3, 4, 8, 9

일의 자리부터 살펴보기

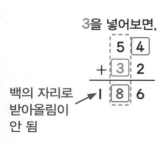

4에 2를 더해야 6이 됨

십의 자리에 남은 수 3, 8, 9를 하나씩 넣어보기

3을 넣어보면,

백의 자리로 받아올림이 안 됨

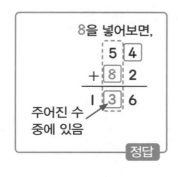

8을 넣어보면,

주어진 수 중에 있음

정답

9를 넣어보면,

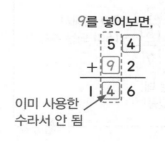

이미 사용한 수라서 안 됨

2 주어진 수: 3, 4, 5, 6

일의 자리부터 살펴보기

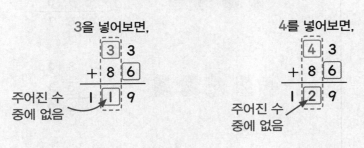

십의 자리에 남은 수 3, 4, 5를 하나씩 넣어보기

3을 넣어보면,

주어진 수 중에 없음

4를 넣어보면,

주어진 수 중에 없음

5를 넣어보면,

주어진 수 중에 있음

정답

---

3 주어진 수: 1, 4, 5, 7

일의 자리부터 살펴보기

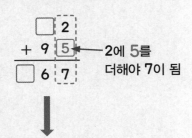

2에 5를 더해야 7이 됨

십의 자리와 백의 자리 살펴보기

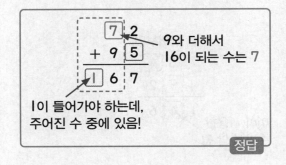

9와 더해서 16이 되는 수는 7

1이 들어가야 하는데, 주어진 수 중에 있음!

정답

4 주어진 수: 1, 2, 5, 7, 9

일의 자리부터 주어진 수를 하나씩 넣어보기

1을 넣어보면,

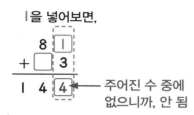

```
  8 1
+   3
─────
1 4 4
```
← 주어진 수 중에 없으니까, 안 됨

2를 넣어보면,

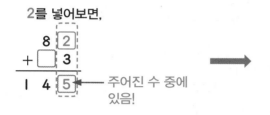

```
  8 2
+   3
─────
1 4 5
```
← 주어진 수 중에 있음!

십의 자리 살펴보기

```
  8 2
+ 6 3
─────
1 4 5
```

합이 14가 되려면 6이 들어가야 하는데, 주어진 수 중에 없으니까, 안 됨

일의 자리부터 다시 확인하기

5를 넣어보면,

```
  8 5
+   3
─────
1 4 8
```
← 주어진 수 중에 없으니까, 안 됨

7을 넣어보면,

```
    1
  8 7
+   3
─────
1 4 0
```
← 주어진 수 중에 없으니까, 안 됨

9를 넣어보면,

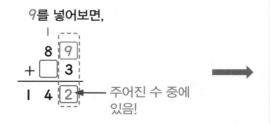

```
    1
  8 9
+   3
─────
1 4 2
```
← 주어진 수 중에 있음!

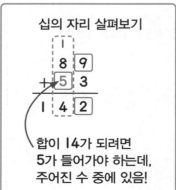

십의 자리 살펴보기

```
    1
  8 9
+ 5 3
─────
1 4 2
```

합이 14가 되려면 5가 들어가야 하는데, 주어진 수 중에 있음!

정답

정답 및 해설

개념 쏙쏙 거꾸로 세기와 지우기

거꾸로 세는 방법으로 빼기

22 − 5

22에서   5만큼 거꾸로 세기

··· ⑮ ⑯ ⑰ ⑱ ⑲ ⑳ ㉑ ㉒

➡ 22 − 5 = 17

지우는 방법으로 빼기

22 − 5

22에서   5만큼 지우기

지울 때는, 끝에서부터 차례로 지워야 남은 개수를 세기 쉬워~

➡ 남은 ○ 모양은 모두 17개! 그러니까, 22 − 5 = 17

22 − 5 = 17
  2 3
빼면
20

개념 익히기

수 배열표를 보고 물음에 답하세요.

14 15 16 17 18 19 20 21 22 **23** 24 **25** 26 27 28 29 30 **31**

1 25에서부터 거꾸로 세어 25 − 7을 계산하세요.   25 − 7 = **18**

2 31에서부터 거꾸로 세어 31 − 3을 계산하세요.   31 − 3 = **28**

3 23에서부터 거꾸로 세어 23 − 4를 계산하세요.   23 − 4 = **19**

개념 익히기

빼는 수만큼 수판의 ○ 모양을 ╱ 표시하여 지우고, 계산해 보세요.

1 24 − 8 = **16**

2 15 − 6 = **9**

3 26 − 9 = **17**

개념 다지기

정답 24쪽

빈칸을 이용하여 거꾸로 세는 방법으로 계산해 보세요.

1박 작아지게 수를 쓰고, 빼는 수만큼 거꾸로 세어 봐~

1 22 − 7 = 15
7만큼 거꾸로 세기

15 16 17 18 19 20 21 22

2 31 − 4 = 27
4만큼 거꾸로 세기

27 28 29 30 31

3 47 − 8 = 39
8만큼 거꾸로 세기

39 40 41 42 43 44 45 46 47

4 25 − 6 = 19
6만큼 거꾸로 세기

19 20 21 22 23 24 25

5 43 − 9 = 34
9만큼 거꾸로 세기

34 35 36 37 38 39 40 41 42 43

개념 펼치기

정답 24쪽

수판의 ○ 모양을 ╱ 표시로 알맞게 지우고, 빼는 수를 가르기 해 보세요.

끝에서부터 차례대로 지우는 거야~

1 23 − 5
  3 2

2 14 − 9
  4 5

3 36 − 7
  6 1

4 45 − 6
  5 1

5 26 − 8
  6 2

개념 쏙쏙 몇십과 몇으로 가르고 빼기

6 여러 가지 방법의 뺄셈 (2)

두 자리 수를 뺄 때는?

$30 - 26$
↓　　↓
몇십　　몇 으로
가르기를 해서 구하기!

$30 - 26$

20　　6

30에서 20만큼 거꾸로, 6만큼 거꾸로! ← $30-20-6$

1	2	3	**4**	5	6	7	8	9	10
11	12	13	14	15	16	17	18	19	20
21	22	23	24	25	26	27	28	29	30
31	32	33	34	35	36	37	38	39	40

6만큼 거꾸로!!
20만큼 거꾸로,
↑ 10씩 작아져요.
← 1씩 작아져요.

➡ $30 - 26 = 4$

개념 익히기

정답 25쪽

빼는 수를 몇십과 몇으로 가르기 해 보세요.

1

$74 - 19$

⑩　⑨
몇십　몇

2

$35 - 23$

⑳　③
몇십　몇

3

$51 - 36$

㉚　⑥
몇십　몇

96 초등수학 2학년 1학기

개념 다지기

정답 25쪽

몇십만큼 위로, 몇만큼 왼쪽으로 이동!

수 배열표를 이용하여 계산해 보세요.

1　$32 - 18 = 14$

11	12	13	14	15	16	17	18	19	20
21	22	23	24	25	26	27	28	29	30
31	㉜	33	34	35	36	37	38	39	40

2　$40 - 27 = 13$

11	12	13	14	15	16	17	18	19	20
21	22	23	24	25	26	27	28	29	30
31	32	33	34	35	36	37	38	39	㊵
41	42	43	44	45	46	47	48	49	50

3　$74 - 25 = 49$

41	42	43	44	45	46	47	48	49	50
51	52	53	54	55	56	57	58	59	60
61	62	63	64	65	66	67	68	69	70
71	72	73	㊼	75	76	77	78	79	80

4　$65 - 29 = 36$

31	32	33	34	35	36	37	38	39	40
41	42	43	44	45	46	47	48	49	50
51	52	53	54	55	56	57	58	59	60
61	62	63	64	㊅㊄	66	67	68	69	70

3. 덧셈과 뺄셈 97

개념 쏙쏙 빼기의 다른 이름

7 여러 가지 방법의 뺄셈 (3)

빼기의 다른 이름

차　차이를 의미

5와 3의 차

3　　5

➡ 5와 3의 차는,
$5 - 3 = 2$

차? 떨어진 정도!

차가 같다는 건, 떨어진 정도가 같다는 뜻이야~

3칸
4　　7

3칸
10　　13

$7 - 4 = 13 - 10$

개념 익히기

빈칸을 알맞게 채우세요.

1

7과 5의 차

➡ ⑦ - ⑤

2

19와 8의 차

➡ ⑲ - ⑧

3

26과 13의 차

➡ ㉖ - ⑬

98 초등수학 2학년 1학기

똑같이 이동 해서 빼기

$30 - 16$

4만큼 밀어 볼까?

16　　30

두 수의 차
$30 - 16$

15　20　25　30　35

20　　34

두 수의 차
$34 - 20$

똑같이 이동했으니까, 두 수의 차는 변하지 않아!

➡ $30 - 16 = 34 - 20 = 14$

*16을 빼는 것보다 20을 빼는 게 더 간단하지!

개념 익히기

정답 25쪽

그림을 보고 차가 같도록 빈칸을 알맞게 채우세요.

1

8　20
8 10　20 22

10　22

$20 - 8$

2만큼 밀기　2만큼 밀기

$= 22 - 10$

2

17　35
17 20　35 38

20　38

$35 - 17$

3만큼 밀기　3만큼 밀기

$= 38 - 20$

3

19　53
19 20　53 54

20　54

$53 - 19$

1만큼 밀기　1만큼 밀기

$= 54 - 20$

3. 덧셈과 뺄셈 99

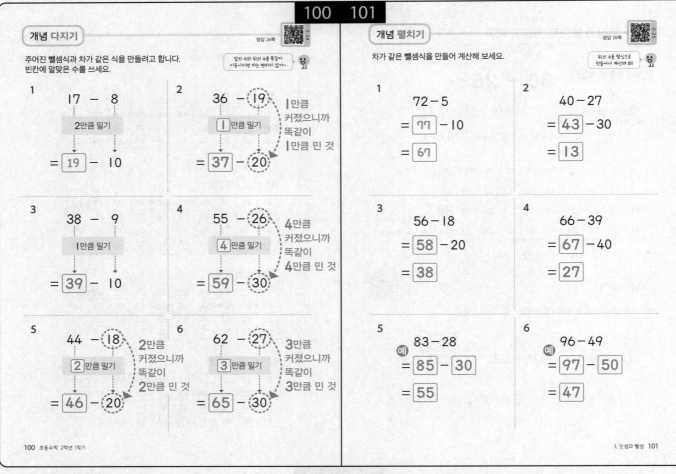

개념 다지기

주어진 뺄셈식과 차가 같은 식을 만들려고 합니다.
빈칸에 알맞은 수를 쓰세요.

앞의 수와 뒤의 수를 똑같이
이동시키면 차는 변하지 않아~

1
$$17 - 8$$
2만큼 밀기
$$= 19 - 10$$

2
$$36 - 19$$
1만큼 밀기
$$= 37 - 20$$
1만큼 커졌으니까 똑같이 1만큼 민 것

3
$$38 - 9$$
1만큼 밀기
$$= 39 - 10$$

4
$$55 - 26$$
4만큼 밀기
$$= 59 - 30$$
4만큼 커졌으니까 똑같이 4만큼 민 것

5
$$44 - 18$$
2만큼 밀기
$$= 46 - 20$$
2만큼 커졌으니까 똑같이 2만큼 민 것

6
$$62 - 27$$
3만큼 밀기
$$= 65 - 30$$
3만큼 커졌으니까 똑같이 3만큼 민 것

100 초등수학 2학년 1학기

개념 펼치기

차가 같은 뺄셈식을 만들어 계산해 보세요.

뒤의 수를 몇십으로
만들어서 계산해 봐!

1
$$72 - 5$$
$$= 77 - 10$$
$$= 67$$

2
$$40 - 27$$
$$= 43 - 30$$
$$= 13$$

3
$$56 - 18$$
$$= 58 - 20$$
$$= 38$$

4
$$66 - 39$$
$$= 67 - 40$$
$$= 27$$

5
예 $$83 - 28$$
$$= 85 - 30$$
$$= 55$$

6
예 $$96 - 49$$
$$= 97 - 50$$
$$= 47$$

3. 덧셈과 뺄셈 101

101쪽

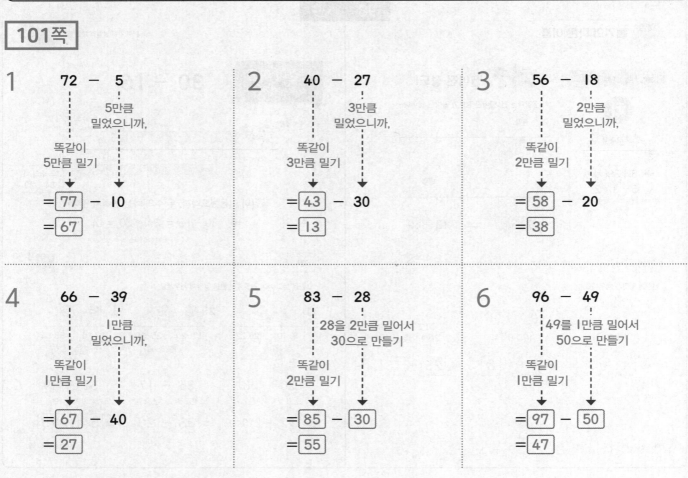

1
$$72 - 5$$
5만큼 밀었으니까,
똑같이 5만큼 밀기
$$= 77 - 10$$
$$= 67$$

2
$$40 - 27$$
3만큼 밀었으니까,
똑같이 3만큼 밀기
$$= 43 - 30$$
$$= 13$$

3
$$56 - 18$$
2만큼 밀었으니까,
똑같이 2만큼 밀기
$$= 58 - 20$$
$$= 38$$

4
$$66 - 39$$
1만큼 밀었으니까,
똑같이 1만큼 밀기
$$= 67 - 40$$
$$= 27$$

5
$$83 - 28$$
28을 2만큼 밀어서 30으로 만들기
똑같이 2만큼 밀기
$$= 85 - 30$$
$$= 55$$

6
$$96 - 49$$
49를 1만큼 밀어서 50으로 만들기
똑같이 1만큼 밀기
$$= 97 - 50$$
$$= 47$$

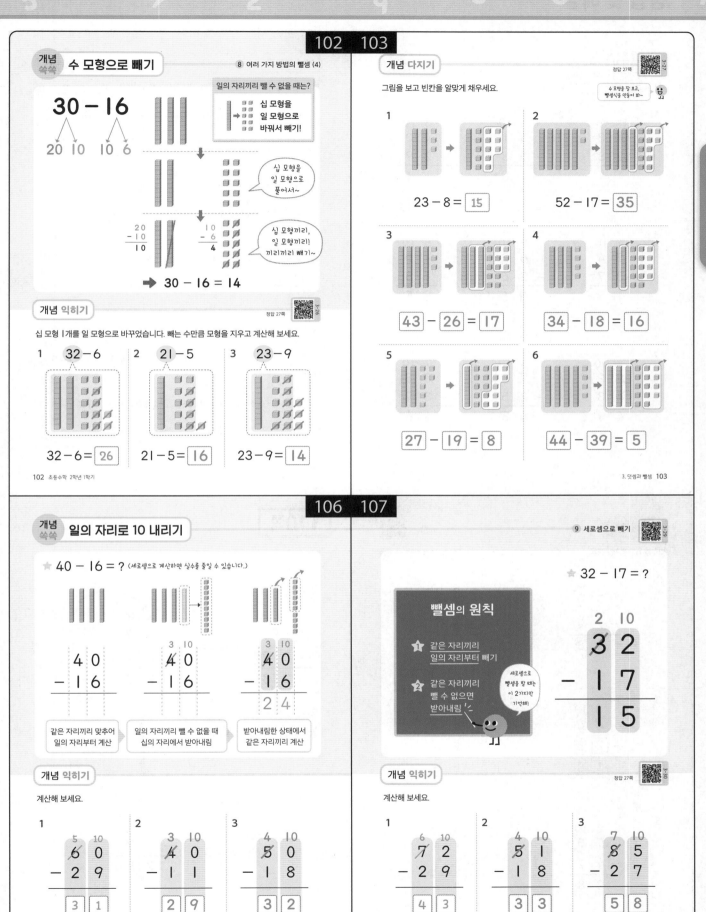

108 109

정답 28쪽

계산해 보세요.

> 일의 자리끼리 뺄 수 없으면, 받아내림!

1
```
  3 10
  4̶ 3
- 2 8
─────
  1 5
```

2
```
  2 10
  3̶ 1
- 1 3
─────
  1 8
```

3
```
  3 10
  4̶ 0
- 2 9
─────
  1 1
```

4
```
  4 10
  5̶ 4
- 3 7
─────
  1 7
```

5
```
  5 10
  6̶ 2
- 2 6
─────
  3 6
```

6
```
  6 10
  7̶ 0
- 1 5
─────
  5 5
```

7
```
  8 10
  9̶ 2
- 4 3
─────
  4 9
```

8
```
  6 10
  7̶ 3
- 2 5
─────
  4 8
```

9
```
  7 10
  8̶ 3
- 3 7
─────
  4 6
```

정답 28쪽

뺄셈식을 사용하여 누가 얼마나 더 많이 가지고 있는지 구하세요.

> 누가 더 많이 갖고 있는지부터 쓰고, 계산하기

1 준철이는 구슬을 36개, 영진이는 17개 가지고 있습니다.
→ **준철** 이가 구슬을 **19** 개 더 많이 가지고 있습니다.
뺄셈식
```
  2 10
  3̶ 6
- 1 7
─────
  1 9
```

2 준철이는 딱지를 17장, 영진이는 41장 가지고 있습니다.
→ **영진** 이가 딱지를 **24** 장 더 많이 가지고 있습니다.
뺄셈식
```
  3 10
  4̶ 1
- 1 7
─────
  2 4
```

3 준철이는 카드를 56장, 영진이는 19장 가지고 있습니다.
→ **준철** 이가 카드를 **37** 장 더 많이 가지고 있습니다.
뺄셈식
```
  4 10
  5̶ 6
- 1 9
─────
  3 7
```

4 준철이는 사탕을 25개, 영진이는 64개 가지고 있습니다.
→ **영진** 이가 사탕을 **39** 개 더 많이 가지고 있습니다.
뺄셈식
```
  5 10
  6̶ 4
- 2 5
─────
  3 9
```

5 준철이는 엽서를 62장, 영진이는 36장 가지고 있습니다.
→ **준철** 이가 엽서를 **26** 장 더 많이 가지고 있습니다.
뺄셈식
```
  5 10
  6̶ 2
- 3 6
─────
  2 6
```

110

정답 28~29쪽

빈칸을 알맞게 채우세요.

> 일의 자리부터 차례로 생각하면 빈칸의 수를 찾을 수 있어!

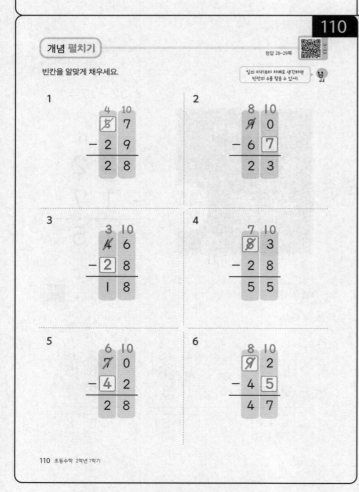

1
```
  4 10
  8̶ 7
- 2 9
─────
  2 8
```

2
```
  8 10
  9̶ 0
- 6 [7]
─────
  2 3
```

3
```
  3 10
  4̶ 6
- [2] 8
─────
  1 8
```

4
```
  7 10
  8̶ 3
- 2 8
─────
  5 5
```

5
```
  6 10
  7̶ 0
- [4] 2
─────
  2 8
```

6
```
  8 10
  9̶ 2
- 4 [5]
─────
  4 7
```

110쪽

1

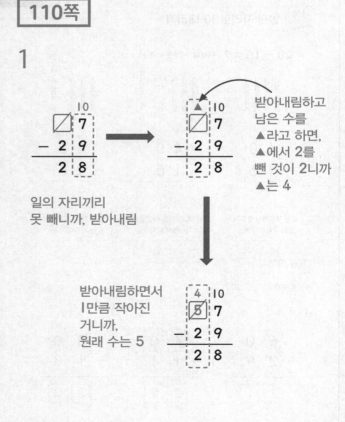

일의 자리끼리
못 빼니까, 받아내림

받아내림하고
남은 수를
▲라고 하면,
▲에서 2를
뺀 것이 2니까
▲는 4

받아내림하면서
1만큼 작아진
거니까,
원래 수는 5

2

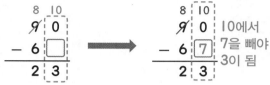

일의 자리끼리
못 빼니까, 받아내림

10에서
7을 빼야
3이 됨

3

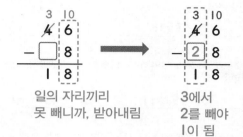

일의 자리끼리
못 빼니까, 받아내림

3에서
2를 빼야
1이 됨

4

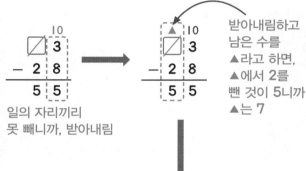

일의 자리끼리
못 빼니까, 받아내림

받아내림하고
남은 수를
▲라고 하면,
▲에서 2를
뺀 것이 5니까
▲는 7

받아내림하면서
1만큼 작아진
거니까,
원래 수는 8

5

일의 자리끼리
못 빼니까, 받아내림

6에서
4를 빼야
2가 됨

6

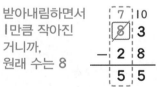 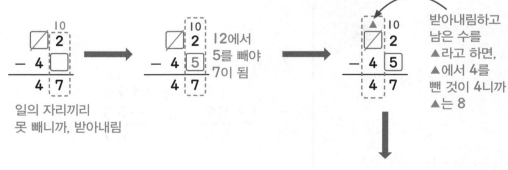

일의 자리끼리
못 빼니까, 받아내림

12에서
5를 빼야
7이 됨

받아내림하고
남은 수를
▲라고 하면,
▲에서 4를
뺀 것이 4니까
▲는 8

받아내림하면서
1만큼 작아진
거니까,
원래 수는 9

111

개념 펼치기

식을 세우고 물음에 답하세요.

식을 세우고,
세로셈으로 계산하기

1 수진이는 사탕을 35개 가지고 있습니다. 동생에게 19개를 주면 수진이에게 남는 사탕은 몇 개일까요?

식 _____ 35−19=16 _____ 답 ___ 16 ___ 개

2 비둘기 30마리가 모여 있었는데 19마리가 날아갔습니다. 남아있는 비둘기는 모두 몇 마리일까요?

식 _____ 30−19=11 _____ 답 ___ 11 ___ 마리

3 우찬이는 수학 문제집을 56쪽까지 풀었고 현아는 72쪽까지 풀었습니다. 현아는 우찬이보다 문제집을 몇 쪽 더 풀었을까요?

식 _____ 72−56=16 _____ 답 ___ 16 ___ 쪽

4 진우는 로봇 스티커 41장, 자동차 스티커 44장을 가지고 있습니다. 형에게 로봇 스티커 27장을 주면 진우에게 남는 로봇 스티커는 몇 장일까요?

식 _____ 41−27=14 _____ 답 ___ 14 ___ 장

5 집에서 학교에 가는 데 50분이 걸립니다. 집에서 출발한 지 28분이 지났다면 학교에 도착할 때까지 남은 시간은 몇 분일까요?

식 _____ 50−28=22 _____ 답 ___ 22 ___ 분

3. 덧셈과 뺄셈 111

111쪽

1
$$\begin{array}{r} {}^{2}\!\!\!\not{3}\,{}^{10}\!5 \\ -\,19 \\ \hline 16 \end{array}$$

2
$$\begin{array}{r} {}^{2}\!\!\!\not{3}\,{}^{10}\!0 \\ -\,19 \\ \hline 11 \end{array}$$

3
$$\begin{array}{r} {}^{6}\!\!\!\not{7}\,{}^{10}\!2 \\ -\,56 \\ \hline 16 \end{array}$$

4
$$\begin{array}{r} {}^{3}\!\!\!\not{4}\,{}^{10}\!1 \\ -\,27 \\ \hline 14 \end{array}$$

5
$$\begin{array}{r} {}^{4}\!\!\!\not{5}\,{}^{10}\!0 \\ -\,28 \\ \hline 22 \end{array}$$

114

개념 쏙쏙 +, −는 앞에서부터 차례로 계산

10 세 수의 덧셈과 뺄셈

★ 덧셈과 뺄셈이 섞여있는 **세 수의 계산**은 **앞에서부터** 차례로 계산합니다.

15−8+7을 계산하는 방법!

가로셈

15−8+7= 14
① 7
② 14

세로셈

$$\begin{array}{r} 15 \\ -\,8 \\ \hline ①\ 7 \end{array} \qquad \begin{array}{r} 7 \\ +\,7 \\ \hline ②\ 14 \end{array}$$

개념 익히기

정답 30쪽

순서에 맞게 계산하여 빈칸을 알맞게 채우세요.

1 22 − 18 + 36 = 40
① 4
② 40

2 11 + 59 − 23 = 47
① 70
② 47

3 34 − 27 + 46 = 53
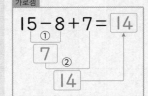
① 7 ② 53

4 46 + 15 − 39 = 22
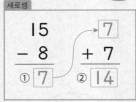
① 61 ② 22

114 초등수학 2학년 1학기

114쪽

1
$$\begin{array}{r} {}^{1}\!\!\!\not{2}\,{}^{10}\!2 \\ -\,18 \\ \hline 4 \end{array} \qquad \begin{array}{r} {}^{1}4 \\ +\,36 \\ \hline 40 \end{array}$$

2
$$\begin{array}{r} {}^{1}\!1 \\ +\,59 \\ \hline 70 \end{array} \qquad \begin{array}{r} {}^{6}\!\!\!\not{7}\,{}^{10}\!0 \\ -\,23 \\ \hline 47 \end{array}$$

개념 다지기

정답 31쪽

식을 세우고 물음에 답하세요.

알에서부터 차근차근
계산하기!

1 바이킹을 타려고 27명이 줄을 서있습니다. 48명이 더 와서 줄을 서고, 39명이 바이킹에 탔습니다. 줄을 서있는 사람은 모두 몇 명일까요?

식   27+48−39=36   답   36   명

2 국화 56송이가 피어있습니다. 그중에 28송이가 지고, 34송이가 새로 피었습니다. 피어있는 국화는 모두 몇 송이일까요?

식   56−28+34=62   답   62   송이

3 승객 19명이 타고 있는 배에 45명이 더 타고, 16명이 내렸습니다. 배에 타고 있는 승객은 모두 몇 명일까요?

식   19+45−16=48   답   48   명

4 유진이의 휴대폰에는 사진이 91장 저장되어 있습니다. 그중에 55장을 지우고, 49장을 새로 찍어서 저장했습니다. 유진이의 휴대폰에 저장되어 있는 사진은 모두 몇 장일까요?

식   91−55+49=85   답   85   장

5 운동회에 학생 71명이 참여했습니다. 22명은 축구를 하고, 18명은 달리기를 하고, 남은 학생들은 응원을 하기로 했습니다. 응원을 하는 학생은 몇 명일까요?

식   71−22−18=31   답   31   명

3. 덧셈과 뺄셈 **115**

115쪽

1
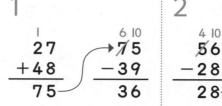

2
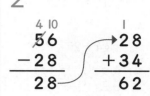

3
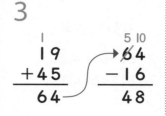

4
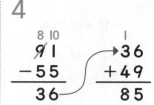

5
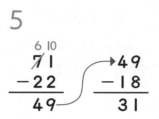

개념 쏙쏙   덧셈식 ⇄ 뺄셈식

11 덧셈과 뺄셈의 관계

- 하나의 **덧셈식**은 두 개의 **뺄셈식**으로 나타낼 수 있습니다.

$$2+4=6 < \begin{array}{l} 6-2=4 \\ 6-4=2 \end{array}$$

2	4
6	

- 하나의 **뺄셈식**은 두 개의 **덧셈식**으로 나타낼 수 있습니다.

$$4-3=1 < \begin{array}{l} 3+1=4 \\ 1+3=4 \end{array}$$

4	
3	1

개념 익히기

정답 31쪽

그림을 보고 덧셈식은 뺄셈식으로, 뺄셈식은 덧셈식으로 바꾸어 쓰세요.

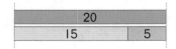

1   15+5=20

→ 20 − 15 = 5
→ 20 − 5 = 15

2   20−15=5

→ 15 + 5 = 20
→ 5 + 15 = 20

개념 다지기

정답 31쪽

그림을 보고 빈칸을 알맞게 채우세요.

그림이 나타내는 게
무엇인지 생각해 봐~

1

25	16
41	

→ 25 +16=41
→ 41− 16 =25

2

29	13
42	

→ 29 +13=42
→ 42− 13 =29

3

68	
36	32

→ 32+ 36 = 68
→ 68 −36= 32

4

46	45
91	

→ 46+ 45 = 91
→ 91 − 46 =45

5

29	28
57	

→ 28 +29= 57
→ 57 −28= 29

정답 및 해설

개념 다지기

정답 32쪽

덧셈식을 두 개의 뺄셈식으로 바꾸세요.

덧셈식을 그림으로 생각해 봐~

1

$$44 + 29 = 73$$

$$73 - 44 = 29$$
$$73 - 29 = 44$$

2

$$27 + 5 = 32$$

$$32 - 27 = 5$$
$$32 - 5 = 27$$

3

$$16 + 18 = 34$$

$$34 - 16 = 18$$
$$34 - 18 = 16$$

4

$$17 + 34 = 51$$

$$51 - 17 = 34$$
$$51 - 34 = 17$$

5

$$25 + 28 = 53$$

$$53 - 25 = 28$$
$$53 - 28 = 25$$

6

$$21 + 44 = 65$$

$$65 - 21 = 44$$
$$65 - 44 = 21$$

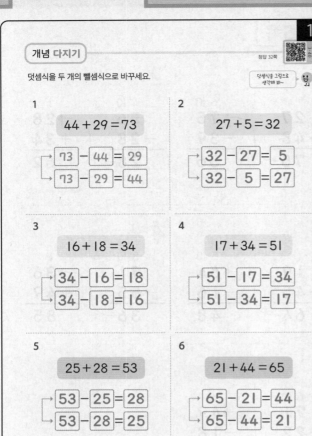

개념 펼치기

정답 32쪽

주어진 수 카드 중에서 3장을 사용하여 알맞은 식을 만들어 보세요.

덧셈식을 만들 수 있는 세 숫자부터 먼저 찾기

1

| 6 | 15 | 7 | 22 |

덧셈식 $15 + 7 = 22$

뺄셈식 $22 - 7 = 15$
뺄셈식 $22 - 15 = 7$

2

| 8 | 19 | 9 | 27 |

덧셈식 $8 + 19 = 27$

뺄셈식 $27 - 8 = 19$
뺄셈식 $27 - 19 = 8$

3

| 14 | 26 | 40 | 22 |

덧셈식 $14 + 26 = 40$

뺄셈식 $40 - 14 = 26$
뺄셈식 $40 - 26 = 14$

4

| 16 | 77 | 25 | 41 |

덧셈식 $16 + 25 = 41$

뺄셈식 $41 - 16 = 25$
뺄셈식 $41 - 25 = 16$

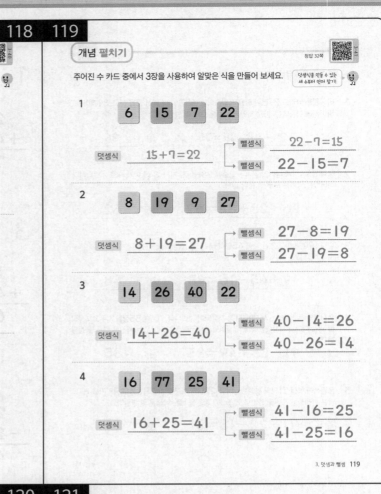

개념 쏙쏙: 모르는 수를 구하는 방법

12 □가 사용된 덧셈식

[문제]

어항에 물고기 19마리가 있습니다. 몇 마리 더 넣었더니 28마리가 되었습니다. 몇 마리 더 넣었을까요?

28마리가 되었네.

[이렇게 생각해 보세요.]

① 모르는 수가 있는 부분을 찾기!

➡ 19마리에 몇 마리를 더했더니 28마리가 되었습니다.

② 모르는 수를 □로 써서 식을 만들기!

➡ $19 + \square = 28$

③ 덧셈식과 뺄셈식의 관계로 □ 구하기!

➡ $19 + \square = 28$
➡ $\square = 28 - 19 = 9$

답 9마리

개념 익히기

정답 32쪽

□를 사용하여 그림에 알맞은 덧셈식을 만들어 보세요.

1

| | 9 |
| 18 |

➡ $\square + 9 = 18$
(또는 $9 + \square = 18$)

2

| | 37 |
| 50 |

➡ $\square + 37 = 50$
또는 $37 + \square = 50$

3

| 21 | |
| 68 |

➡ $21 + \square = 68$
또는 $\square + 21 = 68$

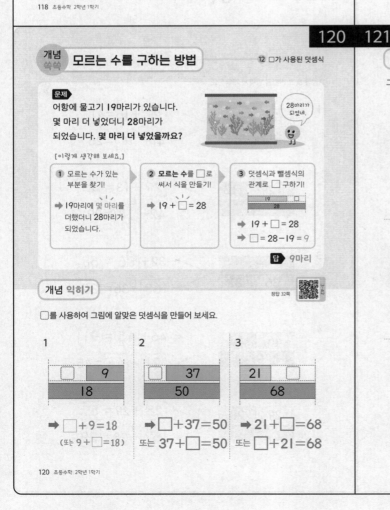

개념 다지기

정답 32쪽

그림을 보고 빈칸에 알맞은 수를 쓰세요.

그림을 보면서 □에 들어갈 수를 생각해 봐~

1 이만큼이 늘어난 것

➡ $6 + \boxed{8} = 14$

2 이만큼이 늘어난 것

➡ $\boxed{7} + 4 = 11$

3 이만큼이 늘어난 것

➡ $\boxed{6} + 5 = 11$

4 이만큼이 늘어난 것

➡ $3 + \boxed{9} = 12$

5

① ② ③ ④ ⑤ ⑥
9 10 11 12 13 14 15

➡ $9 + \boxed{6} = 15$

6

① ② ③ ④ ⑤ ⑥ ⑦
25 26 27 28 29 30 31 32

➡ $25 + \boxed{7} = 32$

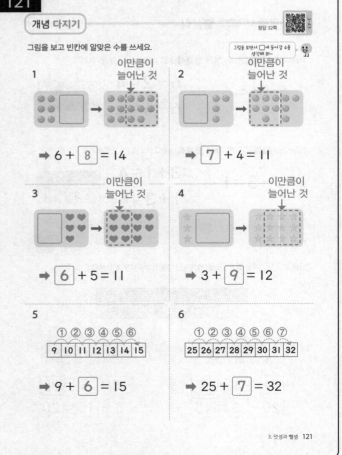

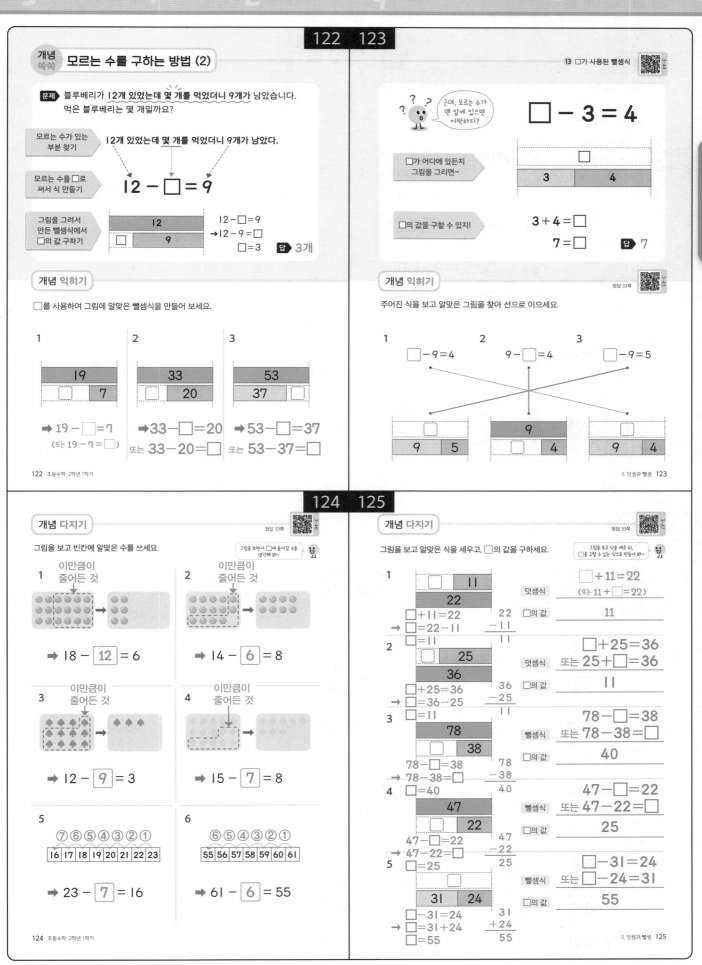

122 123

개념 쏙쏙 모르는 수를 구하는 방법 (2)

문제 블루베리가 12개 있었는데 몇 개를 먹었더니 9개가 남았습니다. 먹은 블루베리는 몇 개일까요?

모르는 수가 있는 부분 찾기 → 12개 있었는데 몇 개를 먹었더니 9개가 남았다.

모르는 수를 □로 써서 식 만들기 → $12 - \square = 9$

그림을 그려서 만든 뺄셈식에서 □의 값 구하기

| 12 | |
| □ | 9 |

$12 - \square = 9$
$\rightarrow 12 - 9 = \square$
$\square = 3$

답 3개

개념 익히기

□를 사용하여 그림에 알맞은 뺄셈식을 만들어 보세요.

1

| 19 | |
| □ | 7 |

➡ $19 - \square = 7$
(또는 $19 - 7 = \square$)

2

| 33 | |
| □ | 20 |

➡ $33 - \square = 20$
또는 $33 - 20 = \square$

3

| 53 | |
| 37 | □ |

➡ $53 - \square = 37$
또는 $53 - 37 = \square$

---

13 □가 사용된 뺄셈식

근데, 모르는 수가 맨 앞에 있으면 어떡하지?

$$\square - 3 = 4$$

□가 어디에 있든지 그림을 그리면~

| □ | |
| 3 | 4 |

□의 값을 구할 수 있지!

$3 + 4 = \square$
$7 = \square$

답 7

개념 익히기

주어진 식을 보고 알맞은 그림을 찾아 선으로 이으세요.

1 $\square - 9 = 4$ **2** $9 - \square = 4$ **3** $\square - 9 = 5$

| 9 | 5 |

| 9 | |
| | 4 |

| □ | |
| 9 | 4 |

---

124 125

개념 다지기

그림을 보고 빈칸에 알맞은 수를 쓰세요.

그림을 보면서 □에 들어갈 수를 생각해 봐~

1 이만큼이 줄어든 것

➡ $18 - \boxed{12} = 6$

2 이만큼이 줄어든 것

➡ $14 - \boxed{6} = 8$

3 이만큼이 줄어든 것

➡ $12 - \boxed{9} = 3$

4 이만큼이 줄어든 것

➡ $15 - \boxed{7} = 8$

5

⑦⑥⑤④③②①
| 16 | 17 | 18 | 19 | 20 | 21 | 22 | 23 |

➡ $23 - \boxed{7} = 16$

6

⑥⑤④③②①
| 55 | 56 | 57 | 58 | 59 | 60 | 61 |

➡ $61 - \boxed{6} = 55$

개념 다지기

그림을 보고 알맞은 식을 세우고, □의 값을 구하세요.

그림을 보고 식을 세운 뒤, □을 구할 수 있는 식으로 만들어 봐~

1

| □ | 11 |
| 22 | |

$\square + 11 = 22$
$\rightarrow \square = 22 - 11$
$\square = 11$

$\begin{array}{r} 22 \\ -11 \\ \hline 11 \end{array}$

덧셈식 $\square + 11 = 22$
(또는 $11 + \square = 22$)

□의 값 11

2

| □ | 25 |
| 36 | |

$\square + 25 = 36$
$\rightarrow \square = 36 - 25$
$\square = 11$

$\begin{array}{r} 36 \\ -25 \\ \hline 11 \end{array}$

덧셈식 $\square + 25 = 36$
또는 $25 + \square = 36$

□의 값 11

3

| 78 | |
| | 38 |

$78 - \square = 38$
$\rightarrow 78 - 38 = \square$
$\square = 40$

$\begin{array}{r} 78 \\ -38 \\ \hline 40 \end{array}$

뺄셈식 $78 - \square = 38$
또는 $78 - 38 = \square$

□의 값 40

4

| 47 | |
| | 22 |

$47 - \square = 22$
$\rightarrow 47 - 22 = \square$
$\square = 25$

$\begin{array}{r} 47 \\ -22 \\ \hline 25 \end{array}$

뺄셈식 $47 - \square = 22$
또는 $47 - 22 = \square$

□의 값 25

5

| □ | |
| 31 | 24 |

$\square - 31 = 24$
$\rightarrow \square = 31 + 24$
$\square = 55$

$\begin{array}{r} 31 \\ +24 \\ \hline 55 \end{array}$

뺄셈식 $\square - 31 = 24$
또는 $\square - 24 = 31$

□의 값 55

정답 및 해설

개념 펼치기

□를 구하는 식으로 바꾸고, □의 값을 구하세요.

덧셈식은 뺄셈식으로, 뺄셈식은 덧셈식으로 바꿀 수 있어~

1 24+□=53

$$\begin{array}{r} {\scriptstyle 4\ 10} \\ \cancel{5}3 \\ -\ 2\ 4 \\ \hline 2\ 9 \end{array}$$

식 □=53−24
□의 값 29

2 □+16=41

$$\begin{array}{r} {\scriptstyle 3\ 10} \\ \cancel{4}1 \\ -\ 1\ 6 \\ \hline 2\ 5 \end{array}$$

식 □=41−16
□의 값 25

3 □−35=25

$$\begin{array}{r} {\scriptstyle 1} \\ 3\ 5 \\ +\ 2\ 5 \\ \hline 6\ 0 \end{array}$$

식 □=35+25
□의 값 60

4 □−29=43

$$\begin{array}{r} {\scriptstyle 1} \\ 2\ 9 \\ +\ 4\ 3 \\ \hline 7\ 2 \end{array}$$

식 □=29+43
□의 값 72

5 81−□=32

$$\begin{array}{r} {\scriptstyle 7\ 10} \\ \cancel{8}1 \\ -\ 3\ 2 \\ \hline 4\ 9 \end{array}$$

식 □=81−32
□의 값 49

개념 펼치기

알맞은 식을 세우고, 물음에 답하세요.

문제의 상황을 ●●하면서 읽기

1 종이컵 55개가 있었는데 몇 개를 사용했더니 31개가 남았습니다. 사용한 종이컵의 수를 □로 하여 **뺄셈식**을 만들고, □의 값을 구하세요.

식 55−□=31
□의 값 24

2 사과 24개와 배 몇 개를 샀더니 구매한 과일이 모두 52개였습니다. 구매한 배의 개수를 □로 하여 **덧셈식**을 만들고, □의 값을 구하세요.

식 24+□=52
(또는 □+24=52)
□의 값 28

3 영양제를 몇 알 먹었더니 12알 남았습니다. 처음에 영양제가 60알 있었다면 먹은 영양제의 수를 □로 하여 **뺄셈식**을 만들고, □의 값을 구하세요.

식 60−□=12
□의 값 48

4 사탕을 사서 친구에게 38개 나눠줬더니 43개가 남았습니다. 구매한 사탕의 수를 □로 하여 **뺄셈식**을 만들고, □의 값을 구하세요.

식 □−38=43
□의 값 81

5 70층 높이의 건물을 꼭대기까지 올라가려고 합니다. 26층까지 올라갔을 때 남은 층수를 □로 하여 **덧셈식**을 만들고, □의 값을 구하세요.

식 26+□=70
(또는 □+26=70)
□의 값 44

127쪽

1 55−□=31
→ 55−31=□

$$\begin{array}{r} 5\ 5 \\ -\ 3\ 1 \\ \hline 2\ 4 \end{array}$$

□=24

2 24+□=52
→ □=52−24

$$\begin{array}{r} {\scriptstyle 4\ 10} \\ \cancel{5}2 \\ -\ 2\ 4 \\ \hline 2\ 8 \end{array}$$

□=28

3 60−□=12
→ 60−12=□

$$\begin{array}{r} {\scriptstyle 5\ 10} \\ \cancel{6}0 \\ -\ 1\ 2 \\ \hline 4\ 8 \end{array}$$

□=48

4 □−38=43
→ □=38+43

$$\begin{array}{r} {\scriptstyle 1} \\ 3\ 8 \\ +\ 4\ 3 \\ \hline 8\ 1 \end{array}$$

□=81

5 26+□=70
→ □=70−26

$$\begin{array}{r} {\scriptstyle 6\ 10} \\ \cancel{7}0 \\ -\ 2\ 6 \\ \hline 4\ 4 \end{array}$$

□=44

1

$$
\begin{array}{r}
1\\
3\ 7\\
+\ 2\ 6\\
\hline
6\ 3
\end{array}
$$

2

$$
\begin{array}{r}
6\ 10\\
\not7\ 4\\
-\ 4\ 8\\
\hline
2\ 6
\end{array}
$$

5

$$
\begin{array}{r}
1\\
6\ 2\\
+\ 5\ 3\\
\hline
1\ 1\ 5
\end{array}
\qquad
\begin{array}{r}
5\ 10\\
\not6\ 2\\
-\ 5\ 3\\
\hline
9
\end{array}
$$

6

$$
\begin{array}{r}
1\\
1\ 4\\
+\ 2\ 7\\
\hline
4\ 1
\end{array}
\rightarrow
\begin{array}{r}
4\ 1\\
+\ 4\ 9\\
\hline
9\ 0
\end{array}
$$

7

16−□=9

→ □=16−9

□=7

$$
\begin{array}{r}
0\ 10\\
\not1\ 6\\
-\ 9\\
\hline
7
\end{array}
$$

9

$$
\begin{array}{r}
1\\
3\ 2\\
+\ 9\\
\hline
4\ 1
\end{array}
\rightarrow
\begin{array}{r}
3\ 10\\
\not4\ 1\\
-\ 1\ 5\\
\hline
2\ 6
\end{array}
$$

11

□−59=28

→ □=59+28

$$
\begin{array}{r}
1\\
5\ 9\\
+\ 2\ 8\\
\hline
8\ 7
\end{array}
$$

128

개념 마무리

1 수 모형을 보고 덧셈을 하세요.

37 + 26 = **63**

2 빈칸을 알맞게 채우세요.

74 → −48 → 26

3 빈칸을 채우며 계산하세요.

$$
\begin{array}{r}
4\ \ 10\\
\not5\ \ 2\\
-\ 3\ \ 4\\
\hline
1\ \ 8
\end{array}
$$

4 계산해 보세요.

(1)
$$
\begin{array}{r}
1\\
2\ 8\\
+\ 6\ 3\\
\hline
9\ 1
\end{array}
$$

(2)
$$
\begin{array}{r}
1\\
4\ 7\\
+\ 1\ 6\\
\hline
6\ 3
\end{array}
$$

5 두 수의 합과 차를 빈칸에 쓰세요.

62	53
합	115
차	9

6 선으로 연결된 두 수의 합을 빈칸에 쓰세요.

14　27

41　49

90

128 초등수학 2학년 1학기

129

정답 35쪽

3단원 덧셈과 뺄셈

7 오렌지 16개가 있었는데 친구들에게 몇 개를 나누어 주었더니 9개가 남았습니다. 그림을 보고 빈칸에 알맞은 수를 쓰세요.

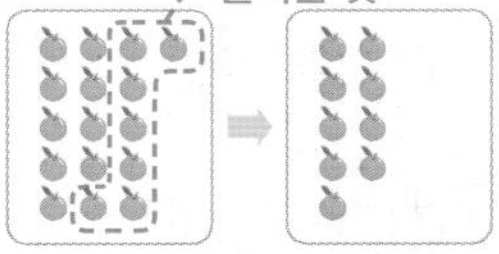

이만큼이 줄어든 것

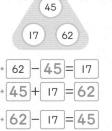

<오렌지 16개>　<오렌지 9개>

16 − **7** = 9

8 덧셈식을 뺄셈식으로 바꾸세요.

56 + 8 = 64

64 − **8** = 56

64 − **56** = 8

9 빈칸을 알맞게 채우세요.

32 → +9 → −15 → **26**

10 세 수를 사용하여 빈칸을 알맞게 채우세요.

45

17　62

62 − **45** = 17

45 + 17 = **62**

62 − **17** = 45

17 + 45 = **62**

11 그림을 보고 물음에 답하세요.

□

59　28

(1) 위의 그림을 뺄셈식으로 쓰세요.

뺄셈식　□ − 59 = 28

또는　□ − 28 = 59

(2) □에 알맞은 수를 구하세요.

(**87**)

3. 덧셈과 뺄셈 129

정답 및 해설

정답 및 해설　**35**

12 빈칸에 주어진 수를 차례로 넣어보면

$$57+\boxed{19}$$
```
  5 7
+ 1 9
-----
  7 6
```
→ 87보다 작음

$$57+\boxed{33}$$
```
  5 7
+ 3 3
-----
  9 0
```
→ 87보다 큼

$$57+\boxed{42}$$
```
  5 7
+ 4 2
-----
  9 9
```
→ 87보다 큼

$$57+\boxed{13}$$
```
  5 7
+ 1 3
-----
  7 0
```
→ 87보다 작음

13
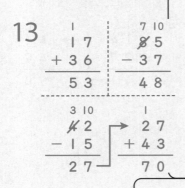

130

개념 마무리

12 주어진 식의 계산 결과가 87보다 클 때, 빈칸에 들어갈 수 있는 수에 모두 ◯표 하세요.

$$57+\boxed{}$$

19 ㉝ ㊸ 13

13 관계있는 것끼리 선으로 이으세요.

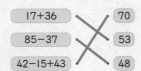

17+36 —— 70
85-37 —— 53
42-15+43 —— 48

14 계산해 보세요.

(1)
```
  6 10
  7 1
- 5 4
-----
  1 7
```
(2)
```
  5 10
  6 5
- 3 8
-----
  2 7
```

15 수 카드를 2장씩 골라서, 차가 59가 되는 식 2개를 만드세요.

19 23 78 82

$$\boxed{78}-\boxed{19}=59$$
$$\boxed{82}-\boxed{23}=59$$

16 은수네 학교 2학년은 여학생이 54명, 남학생이 65명입니다. 은수네 학교 2학년 학생은 모두 몇 명일까요?

식 $54+65=119$

답 119 명

17 진성이는 딸기를 28개 땄고, 미정이는 딸기를 42개 땄습니다. 누가 딸기를 몇 개 더 많이 땄는지 구하는 식과 답을 쓰세요.

식 $42-28=14$

답 미정 이가 14 개 더 많이 땄습니다.

15

```
  1 10          6 10
  2 3           7 8           7 8
- 1 9         - 1 9         - 2 3
-----         -----         -----
    4           5 9           5 5
```
```
  7 10          7 10          7 10
  8 2           8 2           8 2
- 1 9         - 2 3         - 7 8
-----         -----         -----
  6 3           5 9             4
```

6가지 경우 중 차가 59인 경우는
78-19=59, 82-23=59입니다.

16
```
  1
  5 4
+ 6 5
-----
1 1 9
```

17
```
  3 10
  4 2
- 2 8
-----
  1 4
```

18

$$30-\boxed{}=23$$
$$\rightarrow 30-23=\boxed{}$$

```
  2 10
  3 0
- 2 3
-----
    7
```

18 신발 30켤레 중에서 낡은 신발 몇 켤레를 버렸더니, 23켤레가 남았습니다. 버린 신발 수를 □로 하여 뺄셈식을 세우고, 버린 신발이 모두 몇 켤레인지 구하세요.

식 $30-\boxed{}=23$

답 7 켤레

19 뺄셈식에서 잘못된 곳을 찾아 그 이유를 설명하고, 바르게 고치세요.

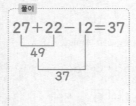

```
  4 4
- 1 8
-----
  3 6
```
⟹ 바른 계산
```
  3 10
  4 4
- 1 8
-----
  2 6
```

틀린 이유 예 십의 자리에서 받아내림한 수를 빼지 않고 계산했습니다.

20 주어진 수 중에서 세 수를 이용하여 계산 결과가 가장 큰 세 수의 계산식을 만들려고 합니다. □ 안에 알맞은 수를 써넣고 계산 과정과 답을 쓰세요.

16 22 12 27

식 $\boxed{27}+\boxed{22}-\boxed{12}$

답 37

풀이
$$27+22-12=37$$
```
  49
    37
```

참 잘했어요!

20

주어진 수: 16, 22, 12, 27
계산 결과가 가장 크게 만들기

$$\boxed{}+\boxed{}-\boxed{}$$

큰 수끼리 더할수록 합이 커짐

→ 주어진 수 중에서 가장 큰 수 27과 두 번째로 큰 수 22를 더하면 됨

$$\boxed{27}+\boxed{22}-\boxed{}$$

$$\boxed{27}+\boxed{22}-\boxed{}$$

빼는 수가 작을수록 차가 커짐

→ 주어진 수 중에서 가장 작은 수 12를 빼면 됨

$$\boxed{27}+\boxed{22}-\boxed{12}$$

③ 덧셈과 뺄셈

상상력 키우기

💡 마법의 수를 알고 나요?

< 마법의 뺄셈 >

① 마음속으로 두 자리 수 중 하나를 생각하세요.
(단, 십의 자리 숫자와 일의 자리 숫자는 같으면 안 돼요.)

② 생각한 수의 십의 자리 숫자와 일의 자리 숫자를
맞바꾸세요.

> 예) 여러분이 생각한 수가 25라면, 52예요.

③ 여러분이 처음 생각했던 수와 ② 번에서 나온 수의
차를 구하세요.

> 예) 여러분이 생각한 수가 25라면,
> 52와 25의 차를 구하면 돼요.

④ 차가 두 자리 수라면 십의 자리 숫자와 일의 자리
숫자를 더하세요. 차가 한 자리 수라면 더 계산하지
않아도 돼요.

> 예) 차가 42였다면, 4+2=6이 돼요.

⑤ 결과는 **9**가 나왔죠?

•4단원 길이 재기

4 길이 재기

이 단원에서 배울 내용

• 1 cm, 자로 길이 재기

① 길이를 비교하는 방법　④ 자로 길이 재기 (1)
② 여러 가지 단위로　　　⑤ 자로 길이 재기 (2)
　 길이 재기
③ 1 cm 알아보기　　　　⑥ 길이를 어림하기

개념 쏙쏙　끈으로 대신 비교하기　① 길이를 비교하는 방법

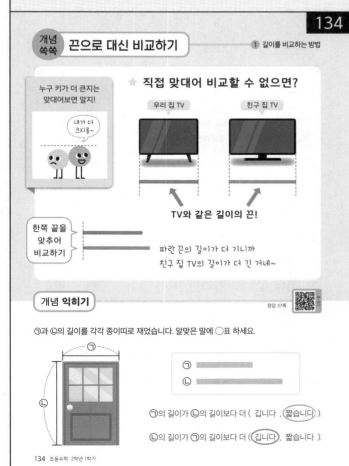

누구 키가 더 큰지는
맞대어보면 알지!

내가 더
크지롱~

★ 직접 맞대어 비교할 수 없으면?

우리 집 TV　　　친구 집 TV

TV와 같은 길이의 끈!

한쪽 끝을
맞추어
비교하기

파란 끈의 길이가 더 기니까
친구 집 TV의 길이가 더 긴 거네~

개념 익히기

정답 37쪽

㉠과 ㉡의 길이를 각각 종이띠로 재었습니다. 알맞은 말에 ◯표 하세요.

㉠의 길이가 ㉡의 길이보다 더 (깁니다 , (짧습니다)).

㉡의 길이가 ㉠의 길이보다 더 ((깁니다) , 짧습니다).

개념 다지기

정답 37쪽

㉮와 ㉯의 길이를 비교하려고 합니다. (붙임딱지 이용)
물음에 답하세요.

> 그림의 길이에 맞춰
> 종이띠를 자르고, 종이띠끼리
> 한쪽 끝을 맞춰서 비교하는 거야~

1

(1) ㉮와 ㉯의 길이를 직접 맞대어 비교할 수
(있습니다 , (없습니다)).

(2) 붙임딱지의 종이띠를 이용하여 길이를
비교하고, 더 긴 쪽에 ◯표 하세요.

2

(1) ㉮와 ㉯의 길이를 직접 맞대어 비교할 수
(있습니다 , (없습니다)).

(2) 붙임딱지의 종이띠를 이용하여 길이를
비교하고, 더 긴 쪽에 ◯표 하세요.

3

(1) ㉮와 ㉯의 길이를 직접 맞대어 비교할 수
(있습니다 , (없습니다)).

(2) 붙임딱지의 종이띠를 이용하여 길이를
비교하고, 더 긴 쪽에 ◯표 하세요.

4

(1) ㉮와 ㉯의 길이를 직접 맞대어 비교할 수
(있습니다 , (없습니다)).

(2) 붙임딱지의 종이띠를 이용하여 길이를
비교하고, 더 긴 쪽에 ◯표 하세요.

138 139

개념 쏙쏙 짧은 것으로는 여러 번 재기

② 여러 가지 단위로 길이 재기

★ 어떤 길이를 재는 데 기준이 되는 길이를 **단위길이**라고 합니다.

사용하는 단위에 따라 횟수가 다릅니다.
짧은 단위로 잴수록 여러 번 잽니다.

개념 익히기

정답 38쪽

여러 가지 단위로 책상의 긴 쪽의 길이를 재었습니다. 표를 완성하고, 괄호에서 알맞은 말에 ○표 하세요.

단위	잰 횟수
뼘	4번쯤
크레파스	7번쯤
연필	3번쯤

➡ 사용하는 단위에 따라
잰 횟수가 (같습니다 , (다릅니다)).

개념 다지기

정답 38쪽

빈칸을 알맞게 채우세요.

어떤 물건을 단위로 사용하는지 잘 봐~

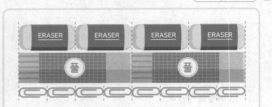

1 **풀**로 수첩의 짧은 쪽의 길이를 재어 보니 1번이었습니다.
클립으로 수첩의 짧은 쪽의 길이를 재어 보면 4 번입니다.

2 **지우개**로 머리핀의 길이를 재어 보니 2번이었습니다.
풀로 머리핀의 길이를 재어 보면 1 번입니다.

3 **지우개**로 필통의 긴 쪽의 길이를 재어 보니 4번이었습니다.
클립으로 필통의 긴 쪽의 길이를 재어 보면 8 번입니다.

4 **풀**로 국자의 길이를 재어 보니 2번이었습니다.
지우개로 국자의 길이를 재어 보면 4 번입니다.

5 **클립**으로 엽서의 긴 쪽의 길이를 재어 보니 6번이었습니다.
지우개로 엽서의 긴 쪽의 길이를 재어 보면 3 번입니다.

140 141

개념 펼치기

정답 38쪽

아래 그림은 승근이와 혜영이의 손의 크기를 비교한 것입니다. 같은 물건의 길이를 두 친구의 뼘으로 각각 재었을 때, 뼘의 횟수가 더 많은 친구는 누구일까요?

두 친구의 손의 크기가 다르네. 누구 손이 더 큰지 확인해봐~

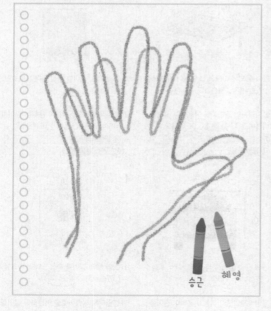

답   혜영

개념 펼치기

정답 38쪽

같은 것의 길이를 다른 단위로 재고 있습니다. 물음에 답하세요.

짧은 것으로 재면 횟수가 여러 번 나오는 거지!

1 **가장 긴 단위**로 잰 사람은 누구일까요? .... (연희)

민기 책가방은 내 뼘으로 3번쯤이야.
연희 책가방은 수학책의 짧은 쪽으로 2번쯤이야.
진수 책가방은 내 연필로 4번쯤이야.

2 뼘의 길이가 **가장 긴 사람**은 누구일까요? .... (진수)

민기 책상의 긴 쪽은 내 뼘으로 5번쯤이야.
연희 책상의 긴 쪽은 내 뼘으로 6번쯤이야.
진수 책상의 긴 쪽은 내 뼘으로 4번쯤이야.

3 한 걸음의 길이가 **가장 짧은 사람**은 누구일까요? .... (연희)

민기 교실의 앞문에서 뒷문까지 16걸음이야.
연희 교실의 앞문에서 뒷문까지 19걸음이야.
진수 교실의 앞문에서 뒷문까지 17걸음이야.

4 **가장 짧은 연필**로 잰 사람은 누구일까요? .... (민기)

민기 스케치북의 긴 쪽은 내 연필로 6번이야.
연희 스케치북의 긴 쪽은 내 연필로 3번이야.
진수 스케치북의 긴 쪽은 내 연필로 4번이야.

5 **가장 긴 우산**으로 잰 사람은 누구일까요? .... (민기)

민기 창문의 긴 쪽은 내 우산으로 2번이야.
연희 창문의 긴 쪽은 내 우산으로 4번이야.
진수 창문의 긴 쪽은 내 우산으로 5번이야.

개념 쏙쏙 Ⅰcm? Ⅰ센티미터!

③ 1 cm 알아보기

├─┤의 길이를 **Ⅰcm** 라 쓰고 Ⅰ센티미터라고 읽습니다.

Ⅰcm가 두 번이면 2 cm,
Ⅰcm가 여덟 번이면 8 cm입니다.

Ⅰcm가 △번 ➡ △ cm

개념 익히기

정답 39쪽

1 옳은 것에 ○표 하세요.

├─┤의 길이를
┌ Ⅰcm (○)라 쓰고
├ ⅠCM ( )
└ ⅠCm ( )

┌ Ⅰ센티 ( )라고 읽습니다.
├ Ⅰ센티미터(○)
└ Ⅰ센치 ( )

2 Ⅰcm를 바르게 3번 쓰세요.

Ⅰcm Ⅰcm Ⅰcm

142 초등수학 2학년 1학기

개념 다지기

정답 39쪽

길이에 맞게 빈칸을 채우거나 길이를 그려 보세요.
또 그 길이를 쓰고 읽어 보세요.

Ⅰcm가 △번이면 △ cm

1
Ⅰcm가 **3** 번 쓰기 **3 cm** 읽기 **3** 센티미터

2
Ⅰcm가 **9** 번 쓰기 **9 cm** 읽기 **9** 센티미터

3
Ⅰcm가 **6** 번 쓰기 **6 cm** 읽기 **6** 센티미터

4
여기서부터는 길이를 직접 그려 볼까?
Ⅰcm가 **4** 번 쓰기 **4 cm** 읽기 **4** 센티미터

5
Ⅰcm가 **7** 번 쓰기 **7 cm** 읽기 **7** 센티미터

4. 길이 재기 143

개념 쏙쏙 Ⅰcm의 횟수가 물건의 길이

④ 자로 길이 재기 (1)

자를 이용해 길이 재는 방법

① 물건의 한쪽 끝을 자의 한 눈금에 맞춥니다.
 (물건을 비스듬히 하지 않고, 자와 나란히 둡니다.)
② 그 눈금에서 다른 끝까지 Ⅰcm가 몇 번 들어가는지 셉니다.
③ Ⅰcm가 들어간 횟수가 그 물건의 길이입니다.

0에서 7까지 Ⅰcm가 7번이므로 연필은 7 cm!

2에서 9까지 Ⅰcm가 7번이므로 연필은 7 cm!

개념 익히기

정답 39쪽

길이를 바르게 잰 것에 ○표 하세요.

1 (○)   ( )

2 ( )   (○)

3 ( )   (○)

144 초등수학 2학년 1학기

개념 다지기

정답 39쪽

길이를 쓰세요. (단, 눈금자가 없는 그림은 자로 직접 재어 보세요.)

Ⅰcm가 몇 번 들어 있는지 세면 돼.

1 **5** cm

2 **6** cm

3 **4** cm

4 **7** cm

5 **Ⅱ** cm

4. 길이 재기 145

정답 및 해설

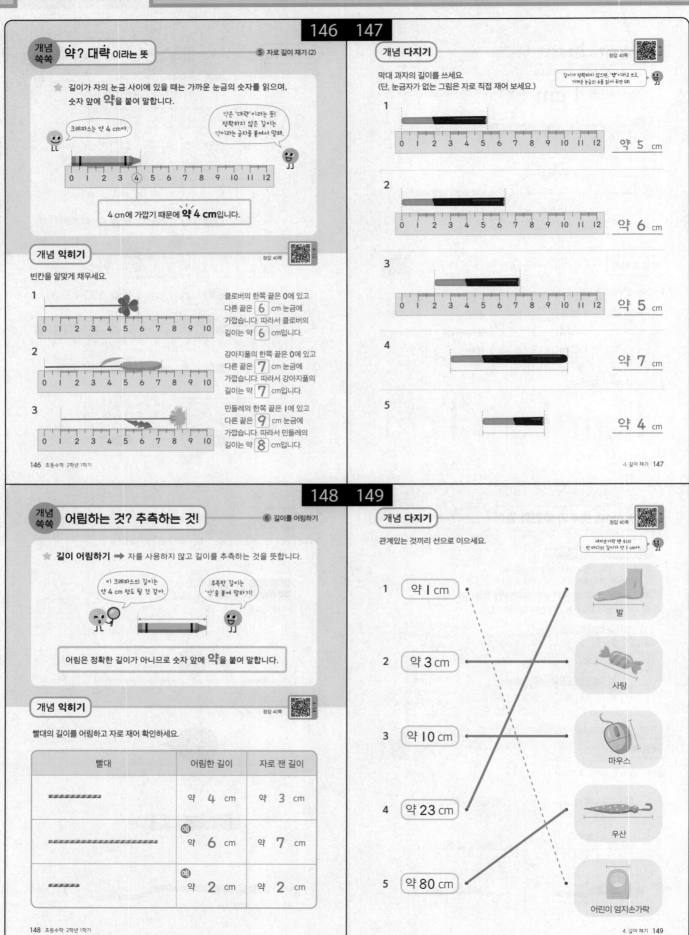

개념 마무리

1 가위의 길이는 반창고로 몇 번쯤일까요?

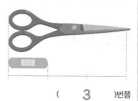

(3)번쯤

[2-3] 자로 공깃돌의 길이를 쟀습니다. 물음에 답하세요.

2 공깃돌의 길이가 몇 cm인지 쓰세요.

(1) cm

3 지우개의 길이를 공깃돌로 쟀더니, 6번이었습니다. 지우개의 길이는 몇 cm일까요?

(6) cm

4 머리핀의 길이를 자로 재고 있습니다. 바르게 잰 것을 찾아 기호를 쓰세요.

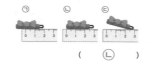

(㉡)

[5-6] 식판, 요구르트 병, 방울토마토가 있습니다. 그림을 보고 물음에 답하세요.

5 식판의 긴 쪽의 길이는 요구르트 병으로 몇 번일까요?
(4)번

6 식판의 긴 쪽의 길이는 방울토마토로 몇 번일까요?
(8)번

150　초등수학 2학년 1학기

정답 41쪽

4단원 길이 재기

7 USB 메모리의 길이를 자로 쟀습니다. 바르게 말한 사람은 누구일까요?

USB의 길이는 4 cm가 넘으니까 약 5 cm야.　민수

USB의 길이는 4 cm에 더 가까우니까 약 4 cm야.　세혁

(세혁)

8 서연이는 집에 있는 여러 가지 물건의 긴 쪽의 길이를 뼘으로 재었습니다. 이 중 길이가 가장 긴 물건은 무엇일까요?

TV	냉장고	침대	식탁
8뼘쯤	12뼘쯤	15뼘쯤	10뼘쯤

(침대)

9 테이프의 길이가 몇 cm인지 자로 재어 보세요.

(6) cm

10 실제 길이에 가장 가까운 것을 찾아 빈칸을 채우세요.

15 cm	7 cm	80 cm

(1) 휴대폰의 긴 쪽의 길이는
약 15 cm 입니다.

(2) 크레파스의 길이는
약 7 cm 입니다.

(3) 바지의 길이는
약 80 cm 입니다.

11 농구장의 긴 쪽의 길이를 여러 사람의 걸음으로 재었습니다. 한 걸음의 길이가 가장 짧은 사람은 누구일까요?

종태	은하	원우
31걸음	27걸음	29걸음

(종태)

4. 길이 재기 151

개념 마무리

12 열쇠의 길이는 몇 cm일까요?

(4) cm

13 가장 긴 리본을 가지고 있는 사람은 누구일까요?

내 리본은 14 cm야.　예린
내 리본은 내 손으로 14뼘이야.　정한
내 리본은 동전으로 14번이야.　미나

(정한)

14 수정이는 선의 길이를 7 cm로 어림하였습니다. 어림한 길이와 실제 길이의 차는 몇 cm일까요?

차: (1) cm

선의 실제 길이는 6 cm입니다. 따라서 어림한 길이와 실제 길이의 차는 1 cm입니다.

152　초등수학 2학년 1학기

15 사각형의 변의 길이를 자로 재었을 때 4 cm인 변을 찾아 기호를 쓰세요.

(㉣)

16 5 cm를 어림하여 밧줄을 잘랐습니다. 자로 재어 보고 5 cm에 가깝게 어림한 사람부터 차례대로 이름을 쓰세요.

약 6 cm (6 cm보다 조금 짧아요.)
지애

약 6 cm (6 cm보다 조금 길어요.)
준형

약 5 cm (5 cm보다 조금 길어요.)
승완

승완 — 지애 — 준형

정답 41쪽

4단원 길이 재기

17 ㉠과 ㉡의 길이를 어림하고, 자로 재어 확인하세요.

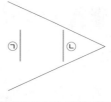

	㉠	㉡
어림한 길이	약 2 cm	약 2 cm
자로 잰 길이	2 cm	2 cm

18 네 변의 길이가 모두 1 cm인 사각형을 모아 큰 사각형을 만들었습니다. 가장 큰 사각형의 네 변의 길이의 합은 얼마일까요?

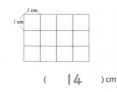

(14) cm

19 서술형

세형이와 민정이는 테이프를 2뼘씩 잘랐습니다. 자른 테이프의 길이를 비교하였더니 길이가 달랐습니다. 테이프의 길이가 서로 다른 이유는 무엇일까요?

이유 예 두 사람의 뼘의 길이가 다르기 때문에, 뼘으로 잰 테이프의 길이도 다릅니다.

20 서술형

그림과 같은 방법으로 빨대의 길이를 재려고 합니다. 길이를 재는 방법이 올바른지 아닌지 쓰고, 올바르지 않다면 그 이유를 설명해 보세요.

올바르지 않습니다.

이유 예 빨대를 자와 나란히 두지 않고, 비스듬히 놓았기 때문입니다.

4. 길이 재기 153

정답 및 해설　**41**

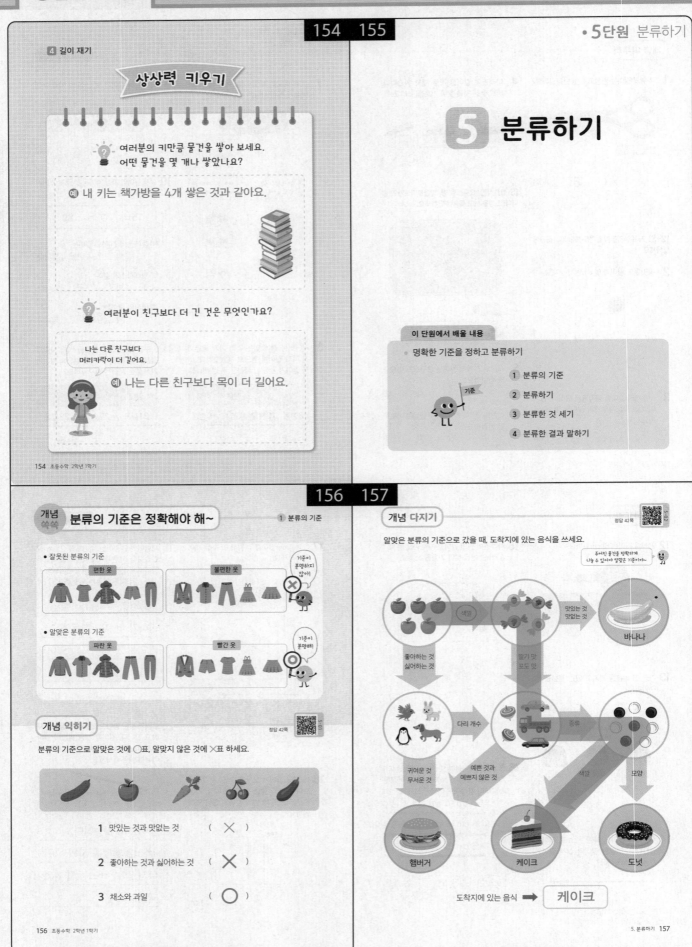

4 길이 재기

상상력 키우기

여러분의 키만큼 물건을 쌓아 보세요.
어떤 물건을 몇 개나 쌓았나요?

예 내 키는 책가방을 4개 쌓은 것과 같아요.

여러분이 친구보다 더 긴 것은 무엇인가요?

나는 다른 친구보다
머리카락이 더 길어요.

예 나는 다른 친구보다 목이 더 길어요.

154 초등수학 2학년 1학기

• 5단원 분류하기

5 분류하기

이 단원에서 배울 내용

• 명확한 기준을 정하고 분류하기

기준

1 분류의 기준
2 분류하기
3 분류한 것 세기
4 분류한 결과 말하기

개념 쏙쏙 분류의 기준은 정확해야 해~

1 분류의 기준

• 잘못된 분류의 기준

| 편한 옷 | 불편한 옷 |

기준이
분명하지
않아!

• 알맞은 분류의 기준

| 파란 옷 | 빨간 옷 |

기준이
분명해!

개념 익히기

정답 42쪽

분류의 기준으로 알맞은 것에 ○표, 알맞지 않은 것에 ✕표 하세요.

1 맛있는 것과 맛없는 것   (✕)

2 좋아하는 것과 싫어하는 것   (✕)

3 채소와 과일   (○)

156 초등수학 2학년 1학기

개념 다지기

정답 42쪽

알맞은 분류의 기준으로 갔을 때, 도착지에 있는 음식을 쓰세요.

주어진 물건을 정확하게
나눌 수 있어야 알맞은 기준이야~

색깔

맛있는 것
맛없는 것

바나나

좋아하는 것
싫어하는 것

딸기 맛
포도 맛

다리 개수

종류

귀여운 것
무서운 것

예쁜 것과
예쁘지 않은 것

색깔

모양

햄버거

케이크

도넛

도착지에 있는 음식 ➡ 케이크

5. 분류하기 157

개념 펼치기

정답 43쪽

분류의 기준으로 알맞은 것에 ◯표 하세요.

> 기준이 아무리 명확해도, 주어진 것들을 분류할 수 없으면 알맞은 기준이 아니야!

1
모양이라는 기준이 분명해도 동물들의 모양이 너무 다양해서 모양에 따라 분류할 수 없습니다.
( ) 모양
(◯) 다리의 개수

2
(◯) 지우개로 지워지는 것, 지워지지 않는 것
( ) 길이
길이라는 기준이 분명해도 길이가 모두 같기 때문에 길이에 따라 분류할 수 없습니다.

3
단추의 모양이 모두 같아서 모양에 따라 분류할 수 없습니다.
( ) 모양
(◯) 색깔

4
(◯) 크기
( ) 자석에 붙는 것, 붙지 않는 것
일반적으로 블록은 자석에 붙지 않기 때문에 자석에 붙는 것과 붙지 않는 것으로 분류할 수 없습니다.

5
쿠키의 색깔이 모두 같아서 색깔에 따라 분류할 수 없습니다.
( ) 색깔
(◯) 모양

158 초등수학 2학년 1학기

개념 펼치기

정답 43쪽

알맞은 분류의 기준을 쓰세요.

> 분류의 기준이 하나만 있는 것은 아니야~

1
예 색깔
(또는 모양이나 구멍의 개수)

2
예 손잡이가 있는 것과 없는 것
(또는 모양이나 색깔)

3
예 색깔
(또는 모양)

4
예 꽃이 핀 화분과 피지 않은 화분
(또는 화분의 색깔)

5
예 바구니가 있는 것과 없는 것
(또는 바퀴 수)

5. 분류하기 159

개념 쏙쏙 기준이 달라지면 분류도 달라진다

2 분류하기

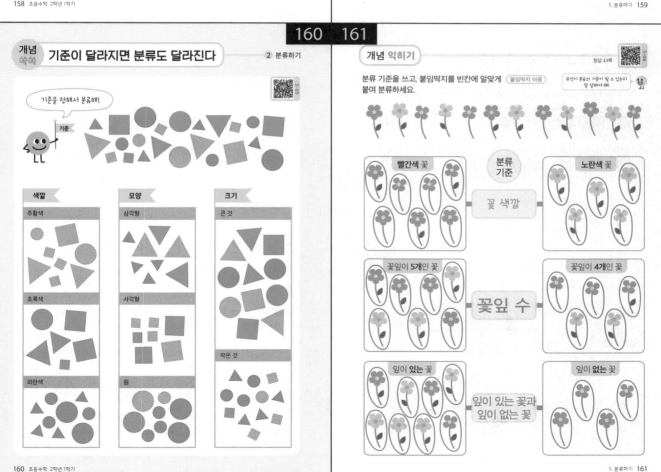

기준을 정해서 분류해!

기준

색깔	모양	크기
주황색	삼각형	큰 것
초록색	사각형	
파란색	원	작은 것

160 초등수학 2학년 1학기

개념 익히기

정답 43쪽

분류 기준을 쓰고, 붙임딱지를 빈칸에 알맞게 붙여 분류하세요. (붙임딱지 이용)

> 무엇이 분류의 기준이 될 수 있는지 잘 살펴야 해!

빨간색 꽃	분류 기준	노란색 꽃
	꽃 색깔	

꽃잎이 5개인 꽃	꽃잎 수	꽃잎이 4개인 꽃

잎이 있는 꽃	잎이 있는 꽃과 잎이 없는 꽃	잎이 없는 꽃

5. 분류하기 161

정답 및 해설 43

162 163

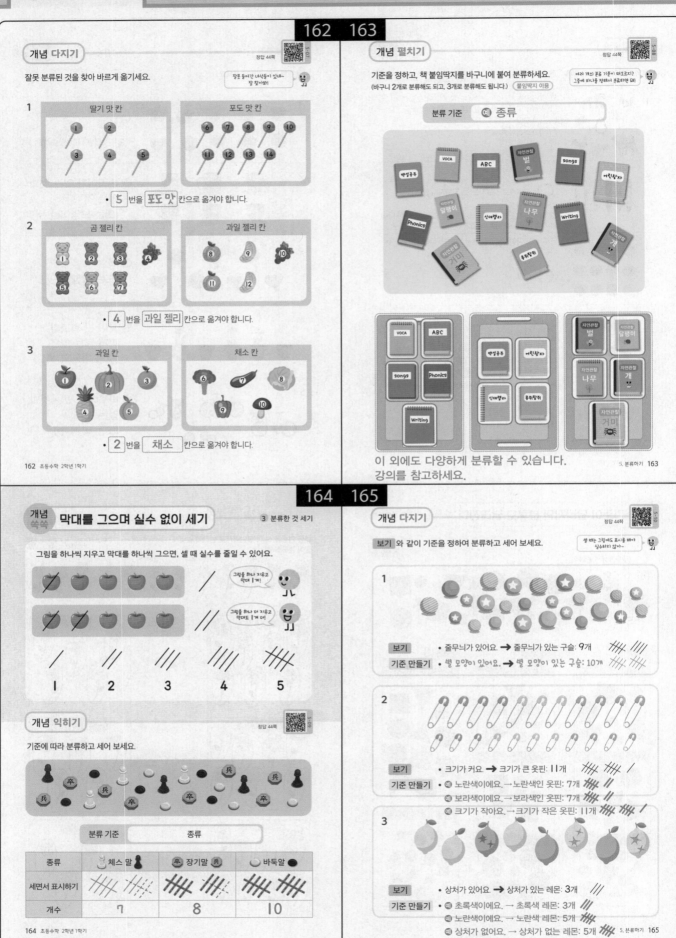

개념 **쏙쏙** **분류한 결과를 보고 분석하기**　　4 분류한 결과 말하기

★ 정해진 기준에 따라 분류하면 가장 많은 것과 가장 적은 것을 알 수 있어요.

종류	공	인형	자동차
세면서 표시하기	丗 //	丗 丗 ///	///
개수	7	13	3

가장 많은 것은 인형이니까, 정리할 때 가장 **큰 통**에 담아요.
가장 적은 것은 자동차니까, 정리할 때 **작은 통**에 담아요.

166 초등수학 2학년 1학기

개념 **익히기**

키 초등학교에 있는 나무를 조사하였습니다. 물음에 답하세요.　셀 때는 그림에도 표시를 해야 실수하지 않아~

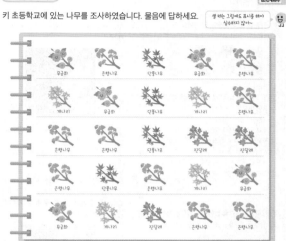

1 종류에 따라 분류하고 그 수를 세어 보세요.

종류	무궁화	은행나무	단풍나무	진달래	개나리
세면서 표시하기	丗	丗 ////	////	///	////
나무의 수(그루)	5	9	4	3	4

2 키 초등학교에서 가장 많은 나무는 어떤 나무일까요? (은행나무)

3 키 초등학교에서 가장 적은 나무는 어떤 나무일까요? (진달래)

5. 분류하기 167

개념 **다지기**　　정답 45쪽

체육관에 있는 공들을 모았습니다. 물음에 답하세요.

1 종류에 따라 분류하고, 그 수를 세어 보세요.

종류	축구공	농구공	배구공
세면서 표시하기	/// //	////	丗 //
공의 개수(개)	6	4	7

2 가장 많은 공은 무엇일까요?　　　　　　(배구공)

3 가장 적은 공은 무엇일까요?　　　　　　(농구공)

4 체육관에서 공을 더 사려고 합니다. 어떤 공을 사면 좋을까요?
　　　　　　　　　　　　　　　　　예(농구공)

168 초등수학 2학년 1학기

개념 **펼치기**　　정답 45쪽

그릇을 분류하여 수를 세어 보고 물음에 답하세요.

1 그림을 보고 표를 완성하세요.

종류	밥그릇	컵	접시
세면서 표시하기	丗 ////	丗 /	丗 //
그릇의 수(개)	9	6	7

2 가장 많은 그릇은 무엇일까요? (밥그릇)

3 가장 적은 그릇은 무엇일까요? (컵)

4 한 명이 밥을 먹는 데 밥그릇, 컵, 접시가 각각 1개씩 필요합니다. 9명이 같이 밥을 먹기 위해서 더 필요한 그릇은 각각 몇 개일까요?

밥그릇: 0 개, 컵: 3 개, 접시: 2 개

5. 분류하기 169

개념 마무리

정답 46쪽

5단원 분류하기

[1-3] 그림을 보고 물음에 답하세요.

1 분류 기준을 바르게 이야기한 친구는 누구일까요?

세호 : 예쁜 모자와 예쁘지 않은 모자
민지 : 기분 좋을 때 쓰는 모자와 우울할 때 쓰는 모자
나연 : 노란색, 파란색, 분홍색 모자

(**나연**)

2 그림과 같이 분류했을 때, 알맞은 분류의 기준을 찾아 ○표 하세요.

(⬤**모양** , 크기 , 색깔 , 가격)

3 그림과 같이 분류했을 때, 알맞은 분류의 기준을 찾아 ○표 하세요.

(모양 , 크기 , ⬤**색깔** , 가격)

4 칠교판의 조각을 모양에 따라 분류하세요.

모양	삼각형	사각형
조각 번호	①, ②, ③, ⑤, ⑦	④, ⑥

5 유주와 세현이는 오목을 두고 있습니다. 지금까지 사용한 바둑알이 그림과 같을 때, 주어진 기준으로 분류하여 빈 칸을 알맞게 채우세요.

분류 기준	**색깔**

종류	흰 돌	검은 돌
세면서 표시하기	正正正正	正正正
바둑알 수(개)	14	15

[6-8] 단추 그림을 보고 물음에 답하세요.

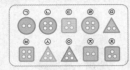

6 색깔에 따라 분류하세요.

색깔	기호
분홍색	㉠, ㉡, ㉝, ㉗
노란색	㉢, ㉂
연두색	㉣, ㉤, ㉥, ㉦

7 단춧구멍의 개수에 따라 분류하세요.

구멍의 수	기호
2개	㉠, ㉤, ㉦
3개	㉢, ㉂, ㉝, ㉦
4개	㉡, ㉣, ㉥

8 모양에 따라 분류하세요.

모양	기호
원	㉠, ㉡, ㉢
사각형	㉢, ㉥, ㉦, ㉦
삼각형	㉣, ㉂, ㉝

[9-10] 소풍의 간식을 투표로 정했습니다. 투표 결과가 다음과 같을 때, 물음에 답하세요.

9 간식이 각각 몇 표씩 나왔는지 세어 보세요.

간식	세면서 표시하기	투표수(표)
햄버거	正正	5
김밥	正 //	7
샌드위치	正正 ///	8

10 투표수가 가장 많은 것을 간식으로 정한다면, 정해진 간식은 무엇일까요?

(**샌드위치**)

정답 46쪽

5단원 분류하기

[11-13] 어느 해 5월의 날씨를 알아보았습니다. 물음에 답하세요.

11 날씨에 따라 분류하고 그 수를 세어 보세요.

날씨	날수(일)
맑음	13
흐림	11
비	7

12 5월의 날씨 중 가장 많았던 날씨는 무엇일까요? (**맑음**)

13 바르게 설명한 사람은 누구일까요?

희주 : 맑았던 날은 비가 왔던 날보다 4일 더 많아.
상민 : 화요일에는 계속 흐리기만 했네.
소민 : 비가 왔던 날이 흐렸던 날보다 더 많았어.

(**상민**)

14 수 카드를 분류할 수 있는 기준 세 가지를 쓰세요.

예 1. **카드의 색깔**

2. **카드의 모양**

3. **카드에 적힌 수의 자릿수**

15 주어진 기준에 따라 재활용품을 분류하여 알맞은 칸에 이름을 쓰세요.

분류 기준	**종류**

캔류	종이류	플라스틱류
통조림 콜라캔	신문지 연습장	페트병 샴푸통

16 낱말 카드를 다음과 같이 분류했습니다. 분류 기준은 무엇일까요?

➡ 예 **한글인 것과 한자인 것과 영어인 것 (또는 언어나 문자)**

[17-18] 민철이가 그림과 같이 옷을 분류했습니다. 물음에 답하세요.

17 옷을 분류한 기준은 무엇일까요?

➡ 예 **긴팔옷과 반팔옷**

18 정아는 민철이와 다른 기준으로 분류하려고 합니다. 어떤 기준으로 분류할 수 있을까요?

➡ 예 **색깔**

19 ✏️서술형
책을 아래 기준으로 분류하려고 합니다. 분류 기준으로 알맞지 않은 이유를 쓰세요.

분류 기준	재미있는 책과 재미없는 책

이유	예 **기준이 분명하지 않기 때문입니다.**

20 ✏️서술형
과일 가게에서 어제 하루 동안 팔린 과일을 조사했습니다. 오늘은 어떤 과일을 많이 준비하면 좋을지 설명하세요.

종류	🍎	🍒	🍇	🍎	🍌
팔린 과일 수(개)	11	9	15	48	19

많이 준비할 과일: 예 **사과**

설명	예 **어제 가장 많이 팔린 과일이 사과이므로 오늘도 많이 팔릴 것 같아서**

5 분류하기

상상력 키우기

? 여러분이 가지고 있는 장난감을 어떤 기준으로 분류하고 싶은지 자유롭게 써 보세요.

예 건전지가 필요한 것과 필요하지 않은 것.

? 우리 반 친구들을 김씨, 박씨와 같은 성으로 분류해 보세요. 어떤 성이 가장 많고, 적나요?

예 김씨가 가장 많고, 배씨가 가장 적어요.

174 초등수학 2학년 1학기

• 6단원 곱셈

6 곱셈

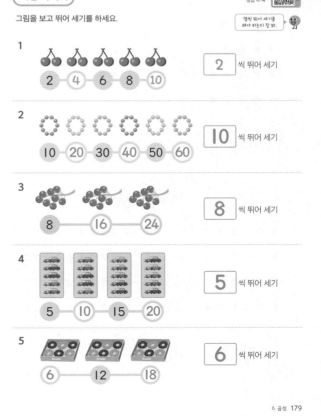

이 단원에서 배울 내용

• 곱셈의 의미, 몇의 몇 배

1 여러 가지 방법으로 세기   4 곱셈식

2 묶어 세기   5 곱셈식으로 나타내기

3 몇의 몇 배

개념 쏙쏙 ★씩 세면 ★씩 커진다!   1 여러 가지 방법으로 세기

정답 47쪽

징검다리의 돌은 하나씩 세면 1, 2, 3, 4, 5, 6개입니다.
둘씩 세면 2, 4, 6개입니다.

2씩 뛰어 세기
2 - 4 - 6

두 개씩 뛰어야지!

① 두 개씩 뛰어야지!

여러 개의 물건을 셀 때는 하나씩 셀 수도 있고,
두 개씩, 세 개씩, 네 개씩... 뛰어서 셀 수도 있습니다.

개념 익히기

정답 47쪽

빈칸을 알맞게 채우세요.

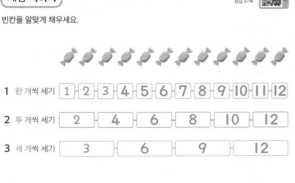

1 한 개씩 세기 1 - 2 - 3 - 4 - 5 - 6 - 7 - 8 - 9 - 10 - 11 - 12

2 두 개씩 세기 2 - 4 - 6 - 8 - 10 - 12

3 세 개씩 세기 3 - 6 - 9 - 12

178 초등수학 2학년 1학기

개념 다지기

정답 47쪽

그림을 보고 뛰어 세기를 하세요.

몇씩 뛰어 세기를 해야 하는지 잘 봐!

1 2 - 4 - 6 - 8 - 10   2 씩 뛰어 세기

2 10 - 20 - 30 - 40 - 50 - 60   10 씩 뛰어 세기

3 8 - 16 - 24   8 씩 뛰어 세기

4 5 - 10 - 15 - 20   5 씩 뛰어 세기

5 6 - 12 - 18   6 씩 뛰어 세기

6. 곱셈 179

정답 및 해설

개념 쏙쏙 똑같이 묶어서 세기
② 묶어 세기

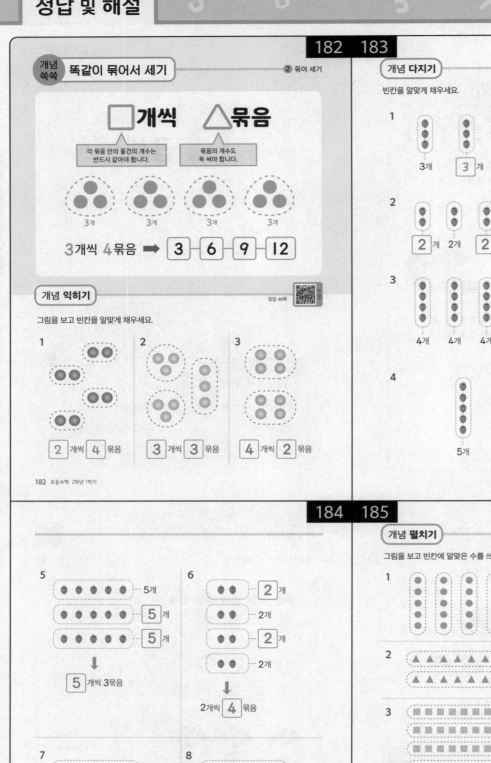

□개씩 △묶음

각 묶음 안의 물건의 개수는 반드시 같아야 합니다.

묶음의 개수도 꼭 써야 합니다.

3개 3개 3개 3개

3개씩 **4**묶음 ➡ 3 6 9 12

개념 익히기
정답 48쪽

그림을 보고 빈칸을 알맞게 채우세요.

1
2 개씩 4 묶음

2
3 개씩 3 묶음

3
4 개씩 2 묶음

182 초등수학 2학년 1학기

개념 다지기
정답 48쪽

빈칸을 알맞게 채우세요.

몇 개씩 몇 묶음
이럴 때는 각 묶음에 있는 개수가 똑같아야 해!

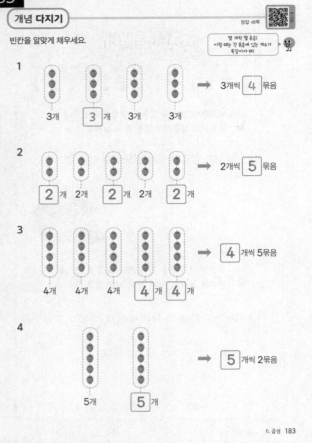

1
3개 3 개 3개 3개 ➡ 3개씩 4 묶음

2
2 개 2 개 2 개 2 개 2 개 ➡ 2개씩 5 묶음

3
4개 4개 4개 4 개 4 개 ➡ 4 개씩 5묶음

4
5개 5 개 ➡ 5 개씩 2묶음

6. 곱셈 183

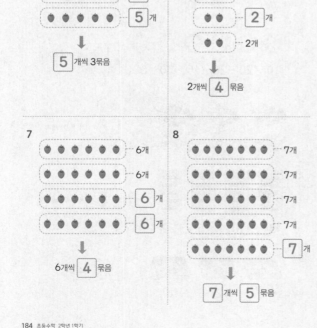

5
5개
5 개
5 개
↓
5 개씩 3묶음

6
2 개
2개
2 개
2개
↓
2개씩 4 묶음

7
6개
6개
6 개
6 개
↓
6개씩 4 묶음

8
7개
7개
7개
7개
7 개
↓
7 개씩 5 묶음

184 초등수학 2학년 1학기

개념 펼치기
정답 48쪽

그림을 보고 빈칸에 알맞은 수를 쓰세요.

■씩 ▲묶음은
■씩 묶어 세기

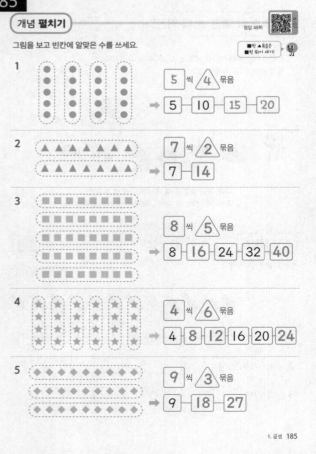

1
5 씩 4 묶음
➡ 5 10 15 20

2
7 씩 2 묶음
➡ 7 14

3
8 씩 5 묶음
➡ 8 16 24 32 40

4
4 씩 6 묶음
➡ 4 8 12 16 20 24

5
9 씩 3 묶음
➡ 9 18 27

6. 곱셈 185

---

48 초등수학 2학년 1학기

개념 쏙쏙 ☐의 △배? ☐씩 △묶음!

③ 몇의 몇 배

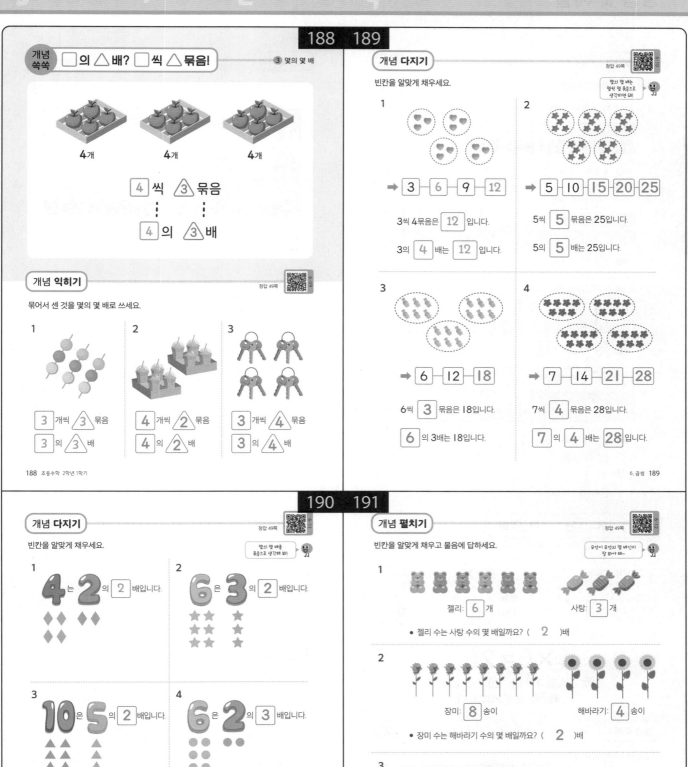

4개 　 4개 　 4개

4 씩 ③ 묶음
⋮　　⋮
4 의 ③ 배

개념 익히기

정답 49쪽

묶어서 센 것을 몇의 몇 배로 쓰세요.

1

3 개씩 3 묶음
3 의 3 배

2

4 개씩 2 묶음
4 의 2 배

3

3 개씩 4 묶음
3 의 4 배

개념 다지기

정답 49쪽

몇의 몇 배는 몇씩 몇 묶음으로 생각하면 돼!

빈칸을 알맞게 채우세요.

1

→ 3 – 6 – 9 – 12

3씩 4묶음은 12 입니다.

3의 4 배는 12 입니다.

2

→ 5 – 10 – 15 – 20 – 25

5씩 5 묶음은 25입니다.

5의 5 배는 25입니다.

3

→ 6 – 12 – 18

6씩 3 묶음은 18입니다.

6 의 3배는 18입니다.

4

→ 7 – 14 – 21 – 28

7씩 4 묶음은 28입니다.

7 의 4 배는 28 입니다.

개념 다지기

정답 49쪽

몇의 몇 배를 묶음으로 생각해 봐!

빈칸을 알맞게 채우세요.

1
4는 2의 2 배입니다.

2
6은 3의 2 배입니다.

3
10은 5의 2 배입니다.

4
6은 2의 3 배입니다.

5
9는 3의 3 배입니다.

6
8은 4의 2 배입니다.

개념 펼치기

정답 49쪽

무엇이 무엇의 몇 배인지 잘 봐야~

빈칸을 알맞게 채우고 물음에 답하세요.

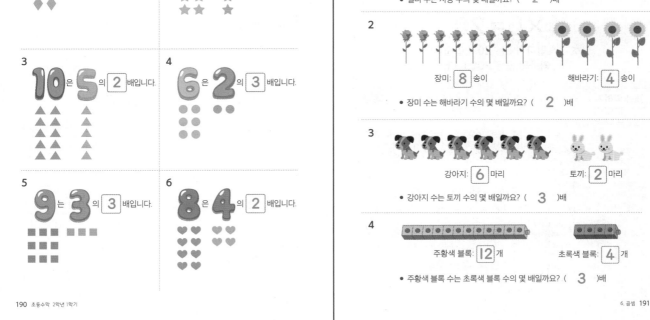

1
젤리: 6 개　　　사탕: 3 개

• 젤리 수는 사탕 수의 몇 배일까요? (2)배

2
장미: 8 송이　　　해바라기: 4 송이

• 장미 수는 해바라기 수의 몇 배일까요? (2)배

3
강아지: 6 마리　　　토끼: 2 마리

• 강아지 수는 토끼 수의 몇 배일까요? (3)배

4
주황색 블록: 12 개　　　초록색 블록: 4 개

• 주황색 블록 수는 초록색 블록 수의 몇 배일까요? (3)배

정답 및 해설

정답 및 해설

개념 펼치기

설명에 알맞게 색칠하고 빈칸에 알맞은 수를 쓰세요.

1 노란색 막대의 길이의 **3배**인 막대

➡ 4의 3배는 12
4칸씩 3번

2 파란색 막대의 길이의 **3배**인 막대

➡ 6의 3배는 18
6칸씩 3번

3 분홍색 막대의 길이의 **5배**인 막대

➡ 3 의 5배는 15
3칸씩 5번

4 초록색 막대의 길이의 **2배**인 막대

➡ 8 의 2배는 16
8칸씩 2번

192 초등수학 2학년 1학기

개념 펼치기

색 막대를 보고 빈칸을 알맞게 채우세요.

1 파란색 막대의 길이는 노란색 막대의 길이의 2 배
   6   3

2 갈색 막대의 길이는 주황색 막대의 길이의 5 배
   10   2

3 보라색 막대의 길이는 노란색 막대의 길이의 3배 → 3의 3배는 9
   3   길이가 9인 것은
                                            보라색 막대

4 갈색 막대의 길이는 초록색 막대의 길이의 2배 → 10은 5의 2배
   10   길이가 5인 것은
                                           초록색 막대

5 파란색 막대의 길이는 빨간색 막대의 길이의 6배

6. 곱셈 193

개념 쏙쏙 □×△는 □의 △배!
④ 곱셈식

- 4씩 5묶음
- 4의 5배
- 4+4+4+4+4
  └─ 5번 ─┘

4 × 5

읽기 4 곱하기 5
뜻 4+4+4+4+4
   └─ 5번 ─┘

×와 같은 기호가 있는 것이 곱셈식이야.

$4 \times 5 = 20$

읽기 • 4 곱하기 5는 20과 같습니다.
     • 4와 5의 곱은 20입니다.

개념 익히기

그림을 보고 물음에 답하세요.

1 생선의 수를 묶음과 배를 이용하여 나타내세요
   6 씩 4 묶음, 6 의 4 배

2 생선의 수를 덧셈식으로 쓰세요.
   6 + 6 + 6 + 6 = 24

3 생선의 수를 곱셈식으로 쓰세요.
   6 × 4 = 24

196 초등수학 2학년 1학기

개념 다지기

식을 읽어 보세요.

등호(=)는, "~와 같습니다"나 "~입니다"로 읽으면 돼.

1 7×5 읽기➡ 7 곱하기 5
  7×5=35 읽기➡ 7 곱하기 5는 35와 같습니다.
          (또는 7과 5의 곱은 35입니다.)

2 8×9 읽기➡ 8 곱하기 9
  8×9=72 읽기➡ 8 곱하기 9는 72와 같습니다.
          (또는 8과 9의 곱은 72입니다.)

3 6×4 읽기➡ 6 곱하기 4
  6×4=24 읽기➡ 6 곱하기 4는 24와 같습니다.
          (또는 6과 4의 곱은 24입니다.)

4 2×5 읽기➡ 2 곱하기 5
  2×5=10 읽기➡ 2 곱하기 5는 10과 같습니다.
          (또는 2와 5의 곱은 10입니다.)

5 4×7 읽기➡ 4 곱하기 7
  4×7=28 읽기➡ 4 곱하기 7은 28과 같습니다.
          (또는 4와 7의 곱은 28입니다.)

6. 곱셈 197

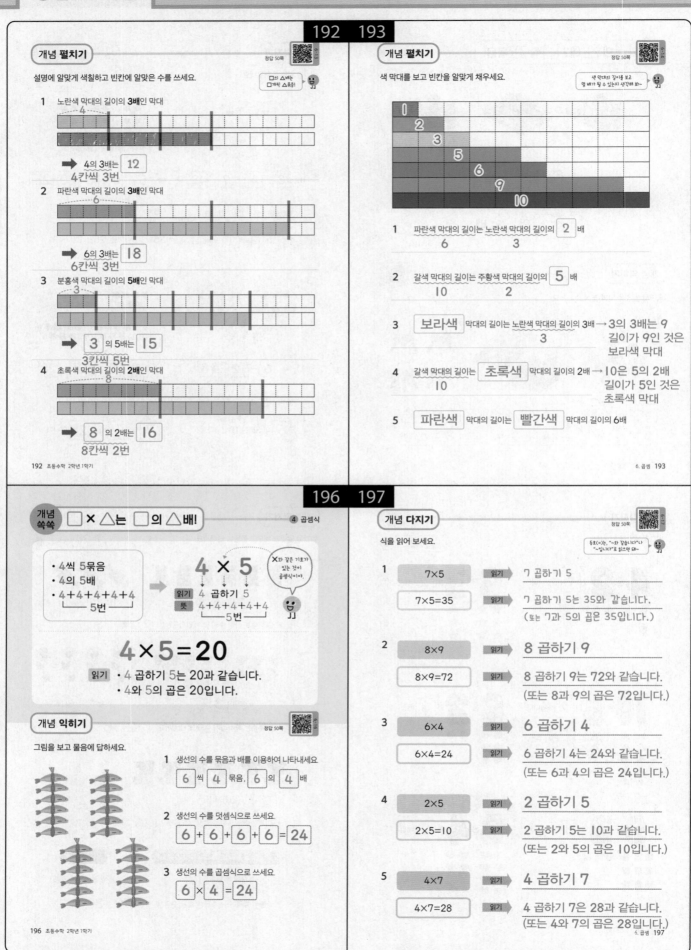

개념 다지기

곱셈식은 덧셈식으로, 덧셈식은 곱셈식으로 바꾸세요.

$$\boxed{\square + \square + \cdots + \square} = \square \times \triangle$$

1 $9 \times 3 = 27$

➡ $9 + 9 + 9 = 27$

2 $\underbrace{2 + 2 + 2 + 2 + 2 + 2}_{6번} = 12$

➡ $2 \times 6 = 12$

3 $6 \times 4 = 24$

➡ $6 + 6 + 6 + 6 = 24$

4 $\underbrace{3 + 3 + 3 + 3 + 3}_{5번} = 15$

➡ $3 \times 5 = 15$

5 $8 \times 6 = 48$

➡ $8 + 8 + 8 + 8 + 8 + 8 = 48$

6 $\underbrace{8 + 8 + 8 + 8}_{4번} = 32$

➡ $8 \times 4 = 32$

7 $4 \times 4 = 16$

➡ $4 + 4 + 4 + 4 = 16$

8 $\underbrace{6 + 6 + 6 + 6 + 6}_{5번} = 30$

➡ $6 \times 5 = 30$

9 $7 \times 5 = 35$

➡ $7 + 7 + 7 + 7 + 7 = 35$

10 $\underbrace{7 + 7 + 7 + 7 + 7 + 7 + 7}_{7번} = 49$

➡ $7 \times 7 = 49$

198 초등수학 2학년 1학기

개념 다지기

뛰어 세기를 하며 수를 세어 보고, 빈칸을 알맞게 채우세요.

같은 수를 여러 번 더하는 것은 곱셈식으로 쓸 수 있어

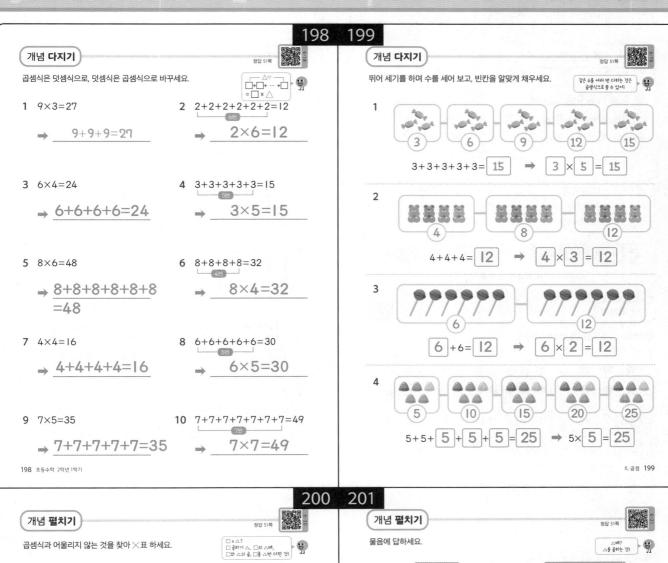

1
3 　 6 　 9 　 12 　 15

$3 + 3 + 3 + 3 + 3 = \boxed{15}$ ➡ $\boxed{3} \times \boxed{5} = \boxed{15}$

2
4 　 8 　 12

$4 + 4 + 4 = \boxed{12}$ ➡ $\boxed{4} \times \boxed{3} = \boxed{12}$

3
6 　 12

$\boxed{6} + 6 = \boxed{12}$ ➡ $\boxed{6} \times \boxed{2} = \boxed{12}$

4
5 　 10 　 15 　 20 　 25

$5 + 5 + \boxed{5} + \boxed{5} + \boxed{5} = \boxed{25}$ ➡ $5 \times \boxed{5} = \boxed{25}$

6. 곱셈 199

개념 펼치기

곱셈식과 어울리지 않는 것을 찾아 ✕표 하세요.

□×△?
□ 곱하기 △, □의 △배,
□와 △의 곱, □를 △번 더한 것

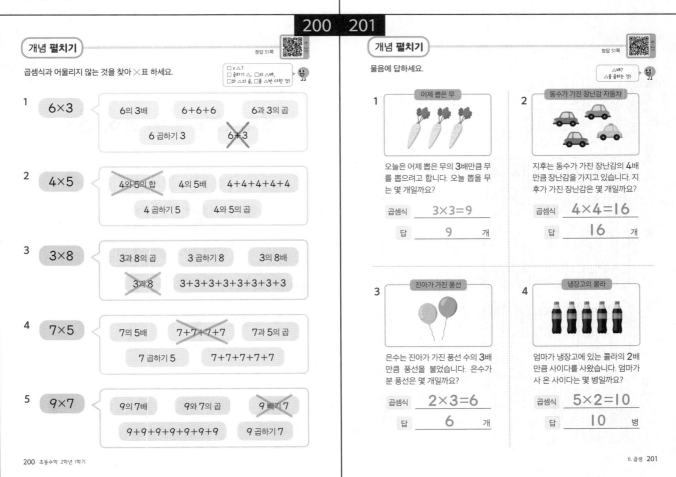

1 6×3
- 6의 3배
- 6+6+6
- 6과 3의 곱
- 6 곱하기 3
- 6+3 ✕

2 4×5
- 4와 5의 합 ✕
- 4의 5배
- 4+4+4+4+4
- 4 곱하기 5
- 4와 5의 곱

3 3×8
- 3과 8의 곱
- 3 곱하기 8
- 3의 8배
- 3과 8 ✕
- 3+3+3+3+3+3+3+3

4 7×5
- 7의 5배
- 7+7+7+7 ✕
- 7과 5의 곱
- 7 곱하기 5
- 7+7+7+7+7

5 9×7
- 9의 7배
- 9와 7의 곱
- 9 빼기 7 ✕
- 9+9+9+9+9+9+9
- 9 곱하기 7

200 초등수학 2학년 1학기

개념 펼치기

물음에 답하세요.

△배?
△를 곱하는 것

1 어제 뽑은 무

오늘은 어제 뽑은 무의 3배만큼 무를 뽑으려고 합니다. 오늘 뽑을 무는 몇 개일까요?

곱셈식 $3 \times 3 = 9$

답 9 개

2 동수가 가진 장난감 자동차

지후는 동수가 가진 장난감의 4배만큼 장난감을 가지고 있습니다. 지후가 가진 장난감은 몇 개일까요?

곱셈식 $4 \times 4 = 16$

답 16 개

3 진아가 가진 풍선

은수는 진아가 가진 풍선 수의 3배만큼 풍선을 불었습니다. 은수가 분 풍선은 몇 개일까요?

곱셈식 $2 \times 3 = 6$

답 6 개

4 냉장고의 콜라

엄마가 냉장고에 있는 콜라의 2배만큼 사이다를 사왔습니다. 엄마가 사 온 사이다는 몇 병일까요?

곱셈식 $5 \times 2 = 10$

답 10 병

6. 곱셈 201

202 203

개념 쏙쏙 □ × △ = △ × □

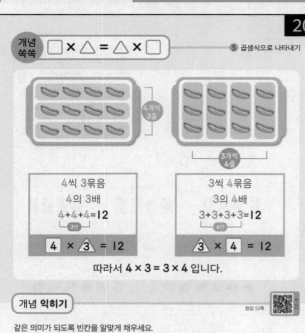

4씩 3묶음
4의 3배
4+4+4=12
┗3번┛

4 × △3 = 12

3씩 4묶음
3의 4배
3+3+3+3=12
┗4번┛

△3 × **4** = 12

따라서 4 × 3 = 3 × 4 입니다.

개념 익히기

같은 의미가 되도록 빈칸을 알맞게 채우세요.

1
3 × 2 = 6
2 × 3 = 6

2
5 × 2 = 10
2 × 5 = 10

3
4 × 2 = 8
2 × 4 = 8

개념 다지기

그림을 가로와 세로로 묶어 보고, 알맞은 곱셈식을 쓰세요.

■칸 ▲묶음＝1개
■ × ▲

1
5 × 3 = 15
3 × 5 = 15

2
8 × 2 = 16
2 × 8 = 16

3
6 × 2 = 12
2 × 6 = 12

4
5 × 4 = 20
4 × 5 = 20

5
6 × 3 = 18
3 × 6 = 18

204 205

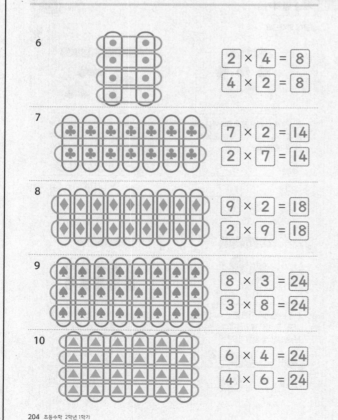

6
2 × 4 = 8
4 × 2 = 8

7
7 × 2 = 14
2 × 7 = 14

8
9 × 2 = 18
2 × 9 = 18

9
8 × 3 = 24
3 × 8 = 24

10
6 × 4 = 24
4 × 6 = 24

개념 다지기

그림을 보고 빈칸을 알맞게 채우세요.

그림을 잘 보고
몇의 몇 배인지 써 봐!

1 세발자전거 5대의 바퀴 수

(3의 **5** 배) = **3** × **5** = **15**

2 돼지 4마리의 다리 수

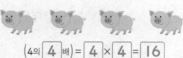

(4의 **4** 배) = **4** × **4** = **16**

3 문어 4마리의 다리 수

(**8** 의 4배) = **8** × **4** = **32**

4 무궁화 6송이의 꽃잎 수

(5의 **6** 배) = **5** × **6** = **30**

206–207

개념 펼치기

정답 53쪽

관계있는 것끼리 연결하세요.

상황에 어울리는 덧셈식을 먼저 생각해 봐.

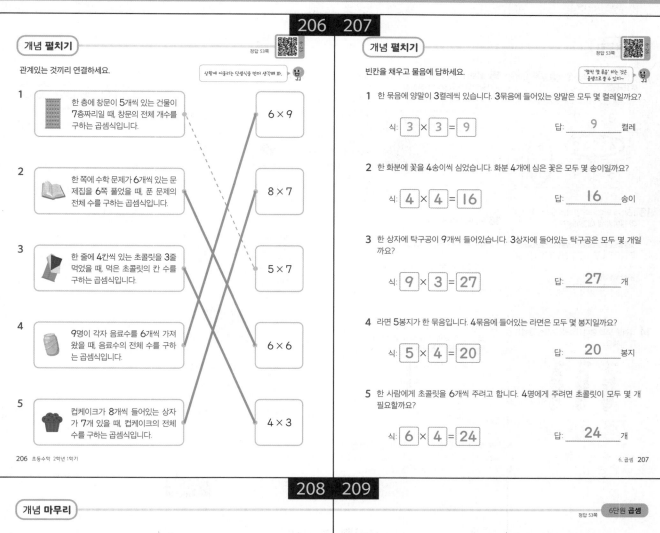

1. 한 층에 창문이 5개씩 있는 건물이 7층짜리일 때, 창문의 전체 개수를 구하는 곱셈식입니다. → 6 × 9

2. 한 쪽에 수학 문제가 6개씩 있는 문제집을 6쪽 풀었을 때, 푼 문제의 전체 수를 구하는 곱셈식입니다. → 8 × 7

3. 한 줄에 4칸씩 있는 초콜릿을 3줄 먹었을 때, 먹은 초콜릿의 칸 수를 구하는 곱셈식입니다. → 5 × 7

4. 9명이 각자 음료수를 6개씩 가져왔을 때, 음료수의 전체 수를 구하는 곱셈식입니다. → 6 × 6

5. 컵케이크가 8개씩 들어있는 상자가 7개 있을 때, 컵케이크의 전체 수를 구하는 곱셈식입니다. → 4 × 3

개념 펼치기

정답 53쪽

빈칸을 채우고 물음에 답하세요.

'얼마의 몇 묶음' 하는 것은 곱셈으로 쓸 수 있지~

1. 한 묶음에 양말이 3켤레씩 있습니다. 3묶음에 들어있는 양말은 모두 몇 켤레일까요?

식: $3 \times 3 = 9$ 답: 9 켤레

2. 한 화분에 꽃을 4송이씩 심었습니다. 화분 4개에 심은 꽃은 모두 몇 송이일까요?

식: $4 \times 4 = 16$ 답: 16 송이

3. 한 상자에 탁구공이 9개씩 들어있습니다. 3상자에 들어있는 탁구공은 모두 몇 개일까요?

식: $9 \times 3 = 27$ 답: 27 개

4. 라면 5봉지가 한 묶음입니다. 4묶음에 들어있는 라면은 모두 몇 봉지일까요?

식: $5 \times 4 = 20$ 답: 20 봉지

5. 한 사람에게 초콜릿을 6개씩 주려고 합니다. 4명에게 주려면 초콜릿이 모두 몇 개 필요할까요?

식: $6 \times 4 = 24$ 답: 24 개

정답 및 해설 (세로 배치)

208–209

개념 마무리

[1-2] 우산을 묶어 세려고 합니다. 물음에 답하세요.

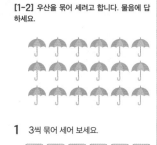

1. 3씩 묶어 세어 보세요.

3 - 6 - 9 - 12 - 15 - 18

2. 6씩 묶어 세어 보세요.

6 - 12 - 18

3. 한 상자에 5장씩 들어있는 공룡카드를 4상자 샀습니다. 공룡카드가 모두 몇 장인지 빈칸에 알맞은 수를 쓰세요.

5 장씩 4 상자 → 20 장

4. 곱셈식을 읽어 보세요.

$8 \times 6 = 48$

읽기 **8 곱하기 6은 48과 같습니다. (또는 8과 6의 곱은 48입니다.)**

5. 나머지와 다른 하나의 기호를 쓰세요.

㉠ 7씩 5묶음 ㉡ 7 × 5
㉢ 7의 5배 ㉣ 7 + 7 + 7
㉤ 7 곱하기 5

(㉣)

㉠, ㉡, ㉢, ㉤은 7 × 5이고 ㉣은 7 × 3입니다.

6. 만두가 한 통에 3개씩 들어있습니다. 7통에 들어있는 만두의 수를 구하는 곱셈식을 쓰세요.

7통 $3 \times 7 = 21$

6단원 곱셈

정답 53쪽

7. 모자의 수를 덧셈식과 곱셈식으로 쓰세요.

덧셈식 $8 + 8 + 8 + 8 = 32$

곱셈식 $8 \times 4 = 32$

8. 그림을 **잘못** 설명한 사람은 누구일까요?

미선: 마카롱을 3개씩 묶으면 4묶음이야.
명재: 마카롱의 개수를 3+3+3+3으로 표현할 수도 있어.
상철: 마카롱은 4의 3배만큼 있네.
선영: 마카롱을 5개씩 묶으면 남는 것 없이 2묶음이 생기네.

(선영)

9. 민호의 나이는 3살입니다. 형인 민수의 나이는 민호 나이의 3배입니다. 민수는 몇 살일까요?

(9)살

3의 3배는 9입니다.

10. ○안에 >, =, <를 알맞게 쓰세요.

$\dfrac{8의\ 2배}{16}$ > $\dfrac{5씩\ 3묶음}{15}$

11. 파티를 하려고 종이컵을 샀습니다. 종이컵의 수를 덧셈식과 곱셈식으로 쓰세요.

덧셈식 $6 + 6 + 6 + 6 + 6 = 30$

곱셈식 $6 \times 5 = 30$

210 211

개념 마무리

12 곱셈의 결과가 8인 두 수를 모두 찾아 묶으세요.

13 15 cm 막대기의 길이는 5 cm 막대기의 길이의 몇 배일까요?

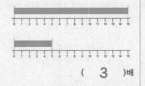

(3)배

14 그림을 보고 콩의 개수를 구하는 곱셈식을 쓰세요.

15 별 모양이 규칙적으로 그려진 포장지에 물감을 쏟았습니다. 포장지에 그려진 별 모양은 모두 몇 개일까요?

별 모양을 가로 방향으로 묶어 보면 6개씩 5 묶음입니다. 따라서 별 모양은 6×5=30(개) 입니다.

(30)개

16 빈칸을 알맞게 채우세요.

(1) 7의 5 배는 35입니다.

(2) 8 씩 2묶음은 16입니다.

(3) 4 × 6 = 24

17 색종이 6장을 겹치고 원 4개를 그린 다음, 그림과 같이 원을 오렸습니다. 모두 몇 개의 원이 만들어질까요?

(24)개

6장의 색종이에서 원이 4개씩 만들어집니다. 따라서 4+4+4+4+4+4=24로 (또는 4×6=24) 원이 24개 만들어집니다.

5를 4번 더해야 20이 됩니다.
5+5+5+5=20
따라서 5의 4배가 20입니다.

정답 54쪽 6단원 곱셈

18 희진이가 가진 사탕의 수는 정수가 가진 사탕의 수의 몇 배일까요?

나는 사탕 20개를 가지고 있어.

나는 사탕 5개를 가지고 있어.

희진   정수

(4)배

19 민정이는 보기에 사용한 쌓기나무 수의 7배만큼 사용해 새로운 모양을 만들었습니다. 민정이가 사용한 쌓기나무가 모두 몇 개인지 덧셈식과 곱셈식으로 나타내고, 답을 쓰세요.

보기

덧셈식 4+4+4+4+4+4+4=28

곱셈식 4×7=28

(28)개

20 5명이 가위바위보를 하고 있습니다. 2명이 가위를 내고, 3명이 보를 냈을 때, 펼쳐진 손가락은 모두 몇 개일까요? 풀이 과정과 답을 쓰세요.

풀이 예 가위를 낸 사람은 2명 이므로, 펼쳐진 손가락의 수는 2×2=4(개)입니다. 보를 낸 사람은 3명이므로, 펼쳐진 손가락의 수는 5×3=15(개) 입니다. 따라서 펼쳐진 손가락은 모두 4+15=19(개)입니다.

(19)개

212

6 곱셈

상상력 키우기

여러분은 몇 학년 몇 반인가요? 두 수를 이용해 곱셈식을 만들어 보세요.

2학년 3반

예 2학년 3반
2×3=6

어떤 상황에서 곱셈을 쓸 수 있을까요? 여러분의 생각을 자유롭게 써 주세요.

예 한 묶음에 4봉지 들어있는 라면을 3묶음 샀을 때, 곱셈을 이용해 전체 라면의 개수를 알 수 있어요.